垃圾渗滤液新型处理技术及应用

吴莉娜 李 志 沈明玉 著

化学工业出版社
·北京·

本书系统地归纳和总结了国内外垃圾渗滤液处理技术的研究现状和成果，主要包括城市垃圾渗滤液的产生、水质特点、影响因素，目前国内垃圾渗滤液处理技术的研究现状和存在问题，国外垃圾渗滤液处理技术的研究现状和最新进展，各种技术的优缺点比较。最后，结合作者十余年在垃圾渗滤液处理方面的研究成果，对垃圾渗滤液短程硝化-厌氧氨氧化和短程反硝化-厌氧氨氧化处理技术进行了详细的介绍。

本书可供从事垃圾渗滤液处理技术研究的科研人员、技术人员和管理人员阅读，也可供高等学校环境专业师生参考。

图书在版编目（CIP）数据

垃圾渗滤液新型处理技术及应用/吴莉娜，李志，沈明玉著. —北京：化学工业出版社，2019.8（2023.3重印）

ISBN 978-7-122-34898-2

Ⅰ.①垃… Ⅱ.①吴… ②李… ③沈… Ⅲ.①滤液-垃圾处理-研究 Ⅳ.①X705

中国版本图书馆CIP数据核字（2019）第147472号

责任编辑：左晨燕　　装帧设计：刘丽华

责任校对：王　静

出版发行：化学工业出版社（北京市东城区青年湖南街13号　邮政编码100011）

印　　装：天津盛通数码科技有限公司

710mm×1000mm　1/16　印张 12¼　字数158千字

2023年3月北京第1版第5次印刷

购书咨询：010-64518888　　售后服务：010-64518899

网　　址：http：//www.cip.com.cn

凡购买本书，如有缺损质量问题，本社销售中心负责调换。

定　　价：78.00元

前言

随着我国城市化进程的加快，城镇人口数量与日俱增，规模也日益扩大，这直接导致了城镇生活垃圾的大幅度增长。而且在现代城市快节奏的生活下，越来越多的人都会选择更为快捷方便的生活方式，一些快速消费品应运而生，这也增加了城镇生活垃圾的数量。据统计，我国的城市垃圾正处于每年8%～10%的增长阶段，北京市每年的增长速率更是达到了15%～20%，2010年我国的城市垃圾总量达到了2.64×10^8t，预计到2030年，这一数字会上升到4.09×10^8t，2050年可能会达到惊人的5.28×10^8t。现有的垃圾处理设施和资金很难满足激增的城市生活垃圾处理量，其间还存在着比较大的缺口，城市的垃圾问题也渐渐成为制约我国城镇发展的重要因素。

垃圾处理主要有焚烧、堆肥、填埋等方式，在这些垃圾处理方式中，填埋法由于其具有费用低、操作简便等优点而被广泛采用，所以我国90%以上的垃圾都是采取填埋处理的。但是垃圾填埋这种处理方式存在一些问题，其中之一就是会产生大量的垃圾渗滤液。垃圾渗滤液是生活垃圾处理过程中的副产品，在整个垃圾的处理过程中，现有的垃圾处理设施，包括填埋场、中转站、焚烧厂、堆场以及堆肥场等都将产生大量的垃圾渗滤液。目前，我国每年生活垃圾的新鲜渗滤液产量约为2.9×10^7t，可控点源排放的渗滤液为1.515×10^7t，如果加上填埋场、堆场等历年产生的渗滤液，则其年产量估计是新鲜渗滤液的数倍。通过水质监测等技术手段可以得知，垃圾渗滤液的污染浓度大约是城市生活污水的100倍。近年来，国家也极其重视垃圾渗滤液的处理，颁布了《生活垃圾填埋场污染控制标准》(GB 16889—2008)，对垃圾渗滤液的处理后出水提出了严格的排放要求。因此，许多现有的垃圾渗滤液处理工艺都需要提标改造以满足标准要求。但是截止到目前为止，最为经济高效的垃圾渗滤液处理技术仍在不断地探索之中。

垃圾渗滤液是一种呈现黄褐色或黑色，色度比一般的城市污水要高很多，并伴有恶臭气味的污水，其成分复杂，水质水量变化大。垃圾渗滤液中含有大量的有机物、氨氮、硫酸根、氯离子、重金属离子以及有毒有害物质等，复杂的污染物成分增加了其处理难度。垃圾渗滤液的处理问题已经成为垃圾产业化进程的"瓶颈"，严重威胁着垃圾处理设施周围的环境安全和居民的健康生活。若是只将生活污水的处理技术生搬硬套过来，不仅处理效果不理想，还有可能会消耗大量的能源，因此根据其水质特点探索合适的处理技术就变得尤为重要。想要利用经济高效的方法来处理垃圾渗滤液，首先应该认清垃圾渗滤液的水质特点，再结合其特点，有针对性地开发新的处理工艺，利用科学来指导工程的发展，才能找出解决问题的根本。因此，本书分别对垃圾渗滤液的性质和研究现状做了简要介绍，着重介绍了目前国际上较为新颖的处理技术，需要指出的是，虽然到目前为止厌氧氨氧化等技术已经有了较多的研究成果，但是其用于垃圾渗滤液处理的研究和实际工程还很少，这还需要科研人员的继续努力。

近年来，笔者及其团队对垃圾渗滤液处理进行了较为深入的研究，特别是针对垃圾渗滤液的微观性质、处理工艺等方面取得了众多研究成果。本书的不少内容融合了笔者及其团队近年来大量的研究成果，以期针对垃圾渗滤液处理技术进行系统性总结和前瞻性指导。

本书共分7章，较为系统地总结了国内外有关渗滤液的研究现状以及近年来取得的成果。内容包括渗滤液的产生、水质特点、影响因素，国内外现在运用较多的垃圾渗滤液处理技术，以及各技术存在的问题，对主要的垃圾渗滤液处理技术进行了效果分析和经济分析，也对目前垃圾渗滤液处理的最新进展做了介绍。特别是着重介绍了短程硝化-厌氧氨氧化、短程反硝化-厌氧氨氧化和电氧化这3个较新颖的垃圾渗滤液处理技术，这些处理技术将会成为未来垃圾渗滤液处理的主要手段。本书可供从事垃圾填埋场技术与管理工作的人员、大中专师生、环境保护工作者等参考，也可作为有关人员的专业培训教材。

本书得到国家自然科学基金和北京市自然科学基金的部分资助，在此表示感谢！在本书编写过程中，参考引用了部分环保领域专家、学者的相关专著、论文等，虽在书后尽力列出，但恐有遗漏，在此向所有被参考引用文献的作者表示衷心的感谢！

由于国内外渗滤液相关资料众多，书中遗漏之处，敬请有关专家谅解；由于笔者水平有限，书中不妥之处，敬请各位专家与广大读者批评指正；如有任何问题，请与笔者联系，wlncyj@sina.com。

著者

2019年5月

目录

第1章 概论

随着我国经济的快速发展，现代人愈发追求高品质的生活，许多快速消耗品应运而生；再者，随着我国城市化进程的不断发展，城市人口、规模的迅速增长和扩大，城市垃圾总量也呈现出了逐年增长的趋势，生活垃圾总量和单位产量都以平均每年 8%～10% 的速度增长。2010 年我国城市垃圾总量达到 2.64×10^8t，预计 2030 年为 4.09×10^8t，2050 年为 5.28×10^8t。城市垃圾分为五类，包括生活垃圾、建筑垃圾、工业垃圾、危险垃圾和清扫垃圾。生活垃圾是指人们日常生活和活动中产生的固体废弃物，它包括居民生活垃圾、公共场所和街道清扫垃圾、商业生活垃圾等；其主要成分为厨余物、废纸张、废塑料、废织物、废玻璃、草木、灰土、砖瓦等。全世界年产垃圾量约 $(80\sim100)\times10^8$t，并以年均 8.42%的速度递增。生活垃圾对大气、土壤、地表水、地下水等都会造成一定的负面影响，如处理不当，其有害物质将危害人类健康。因此，生活垃圾的处理是关系到人口、资源、环境协调可持续发展的一个重要问题。生活垃圾的处理要尽量做到减量化、资源化、无害化。

目前国内外广泛采用的城市生活垃圾处理方式主要有卫生填埋、堆肥和焚烧等，这三种主要垃圾处理方式的使用比例，因地理环境、垃圾成分、经济发展水平等因素不同而有所区别。由于城市垃圾成分复杂，并受经济发展水平、能源结构、自然条件及传统习惯等因素的影响，所以国外对城市垃圾的处理一般是随国情而不同，往往一个国家中各地区也采用不同的处理方式，很难有统一的模式。英、美、德三国都属于工业发达国家，且国土资源面积辽阔，因此其采用的处理方式大多以填埋为主，不过近来有向其他处理技术转变的趋势；日本也属于工业发达国家，不过由于其国土面积狭小，制约了垃圾填埋技术的发展，因此日本采用焚烧技术多一些，且近来此种技术已成为日本处理垃圾的主导技术；荷兰和瑞士多采用垃圾堆肥技术。但卫生填埋是世界范围内城市垃圾处理的主要方式。卫生填埋在城市生活垃圾处理的投资和运行费用上比其他方法（如焚烧、堆肥等）更经济，然而，卫生填埋过程中会产生威胁城市周围水源和公众健康的垃圾渗滤液，形成二次污染，即使填埋场封场后的数年内这种现象仍会持续。目前全国城市生活垃圾每年产生的新鲜渗滤液约 2.9×10^7t，而 1t 渗滤液所含污染物的浓度约相当于 100t 城市污水。垃圾渗滤液是一种非常复杂的高浓度有机污水，现有的垃圾渗滤液处理技术远不能经济有效地去除渗滤液中的高浓度有机物和氨氮，所以研究开发先进垃圾渗滤液的处理技术刻不容缓。

1.1 国内垃圾渗滤液处理技术的研究现状和存在问题

1.1.1 国内垃圾渗滤液处理技术的研究现状

随着垃圾填埋场带来的环境问题日益凸显，保护意识的不断加强，我国政府高度重视城市垃圾的污染问题，制订、发布的导则、标准、规范有 16 部之多，见表 1-1。

表 1-1 我国近 30 年发布的生活垃圾相关的环保技术文件

序号	文件名称
1	《恶臭污染物排放标准》(GB 14554—1993)
2	《生活垃圾填埋场环境监测技术标准》(CJ/T 3037—1995)
3	《生活垃圾填埋场环境监测技术要求》(GB/T 18772—2002)
4	《城市生活垃圾卫生填埋场运行维护技术规程》(CJJ 93—2003)

续表

序号	文件名称
5	《城市生活垃圾卫生填埋技术规范》(CJJ 17—2004)
6	《生活垃圾填埋场无害化评价标准》(CJJ/T 107—2005)
7	《生活垃圾卫生填埋场防渗系统工程技术规范》(CJJ 113—2007)
8	《生活垃圾填埋场污染控制标准》(GB 16889—2008)
9	《生活垃圾采样和物理分析方法》(CJ/T 313—2009)
10	《生活垃圾填埋场填埋气体收集处理及利用工程技术规范》(CJJ 133—2009)
11	《生活垃圾填埋场稳定化场地利用技术要求》(GB/T 25179—2010)
12	关于印发《生活垃圾处理技术指南》的通知(建城[2010]61号)
13	《住房城乡建设部 发展改革委 环境保护部关于开展存量生活垃圾治理工作的通知》(建城[2012]128号)
14	《"十三五"全国城镇生活垃圾无害化处理设施建设规划》(发改环资[2016]2851号)
15	《生活垃圾卫生填埋场封场技术规范》(GB 51220—2017)
16	《老生活垃圾填埋场生态修复技术标准》(征求意见稿)(2017)

导则、标准、规范越来越多，涉及垃圾渗滤液相关的处理规范也越来越具体、详细，排放标准要求越来越严格。目前，大多垃圾渗滤液处理技术很难达到新标准的要求。因此研究开发新的工艺来提高垃圾渗滤液的处理效果就显得尤为重要。

垃圾渗滤液的处理方式主要有以下几种。

(1) 直接排入或运输至城市污水处理厂进行合并处理

这是最为简单的处理方案，处理成本低，利用了污水处理厂对渗滤液的缓冲、稀释作用，还能充分利用市政污水中的营养物质，但由于填埋场往往远离城市污水处理厂，渗滤液含有较高浓度的 BOD_5、COD 和 NH_4^+-N 及较低含量的磷，易造成对城市污水处理厂的冲击负荷，此外倘若垃圾填埋场距市政污水管网较远，垃圾渗滤液运输负担重，直接合并可能会造成市政水处理厂的冲击，严重时甚至影响水厂运行。故在合并处理时，需要进行充分的调查研究，要从渗滤液日产生量、水质和市政水处理厂的处理能力等多角度综合考虑衡量，以进行渗滤液与城市污水的混合比例的设计。诸多研究表明，当渗滤液产生量达到 $100m^3/d$ 时，由有机物负荷、氮负荷、脱氮设计负荷决定要并厂处理的市政污水处理厂的规模，而且渗滤液日产生量与上述相关因素呈正相关，与并厂所选的市政污水处理厂的规模也成正向关，见表 1-2。

表 1-2 不同日产生量、浓度的垃圾渗滤液对应的污水处理厂规模

渗滤液流量/(m^3/d)	COD 负荷/(kg/d)	TKN 负荷/(kg/d)	污水处理厂规模/(m^3/d)
100	400	100	20000
200	800	200	40000
300	1200	300	60000
400	1600	400	80000
500	2000	500	100000
600	2400	600	120000

为了达到理想的脱氮处理效果，污水处理厂要保证 COD/TKN＞3，保持相对长时间的水力停留时间，但是仍需要考虑 P、S、重金属离子等的含量及比例问题；由于渗滤液水质复杂，很难不对已存在的运行系统产生冲击，目前仍没有一个精准的计算、分析方法或模型确定出一套具体完善的设计方案。大量实践证明，渗滤液的量小于城市污水总量的 0.5%，则垃圾渗滤液可与城市污水一起处理，为了整体的水处理效果，该比例不可超过 1/10。

(2) 渗滤液循环回喷填埋场

回灌可以增加垃圾渗滤液中的溶氧，增加垃圾的湿度，增强垃圾中微生物的活性，加速有机物分解，增大垃圾填埋场的沉降速率和总沉降幅度，甚至可通过太阳蒸发减少部分水量以减少垃圾渗滤液总量。此时垃圾填埋层相当于生物滤床。回灌可以促使 SO_4^{2-} 被还原为 H_2S，H_2S 与垃圾渗滤液中的重金属离子生成硫化物沉淀；同时回灌能使垃圾渗滤液较快变为中性或弱碱性溶液，使其中的重金属离子浓度降低。但这种方法不能完全消除渗滤液，甚至导致 NH_4^+-N 积累，而且需要额外投资建设、维护回灌系统（沟道、配水系统），故目前这种方式在我国的应用并不常见。即使应用这种方法的地方，回灌后排出的中低浓度垃圾渗滤液仍需要进一步处理才能排放。

（3）经必要的预处理后汇入城市污水处理厂合并处理

此方案是可以减轻进行直接混合处理时垃圾渗滤液的水质和毒物对城市污水处理厂所带来的冲击负荷，是一种场内外联合处理方案。首先通过设于填埋场内的预处理设施对垃圾渗滤液进行处理，通过厌氧处理改善其可生化性、降低负荷，同时去除部分重金属离子、氨氮、色度以及 SS 等污染物质，为合并处理创造良好的条件。生物处理是垃圾渗滤液的一种必不可少的主体处理方法，有机污染物的去除或转化都是通过微生物的作用完成的。NH_4^+-N 主要来源于填埋垃圾中蛋白质等含氮类物质的生物降解。渗滤液的 NH_4^+-N 浓度很高，是影响垃圾渗滤液生物处理的另一重要因素。过高的 NH_4^+-N 浓度会抑制微生物的正常生长及合并处理的有效运行。针对氨氮去除的预处理方法有化学沉淀法、吹脱法等物理化学方法，而通常用 A^2/O（或 A/O）处理系统才能有效地将其去除。场内的预处理可以降低渗滤液对城市污水处理厂的冲击负荷，但也有明显的局限性：需要增加预处理设施和输送的资金投入。

目前这种方法在我国应用比较广，已经有了比较成熟的合并处理的预处理工艺流程，如图 1-1 所示。

（4）在填埋场建设污水处理站（厂）进行现场处理

目前国内新建的填埋场大都建设了垃圾渗滤液处理单元，这主要考虑到垃圾填埋场的远郊地理位置、垃圾渗滤液的水质特殊性。由于垃圾渗滤液的水质、水量变化大、污染物负荷高，使得垃圾渗滤液的处理难度增大，处理工艺复杂多变，一般多采用组合工艺进行处理。

目前国内有多种成熟的处理工艺用于场内处理，如图 1-2 所示。

目前，国内垃圾渗滤液的处理方法大体上可分为生物法、物化法、土地法以及不同种类方法的综合。

根据不同垃圾渗滤液水质及对处理程度的要求，垃圾渗滤液处理系统为图 1-3 所示工艺单元的组合。预处理工艺一般采用氨吹脱、混凝沉淀等物理化学方法，主处理工艺采用厌氧、好氧等生物处理方法，后处理工艺

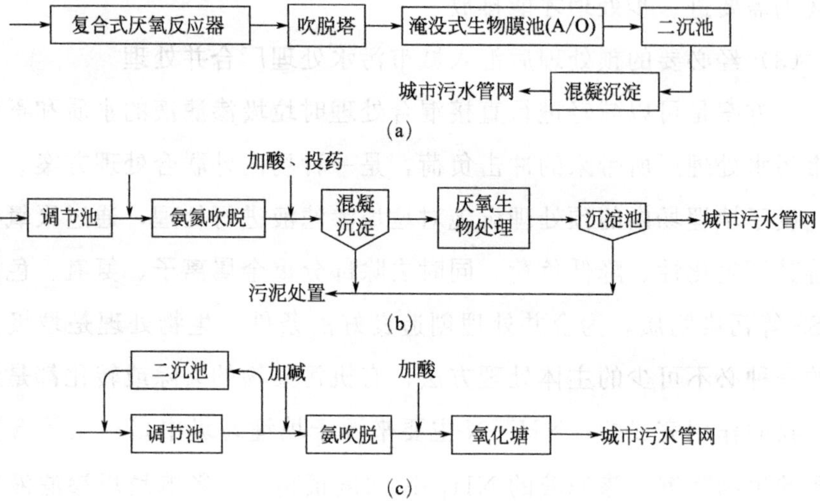

图 1-1 预处理合并处理

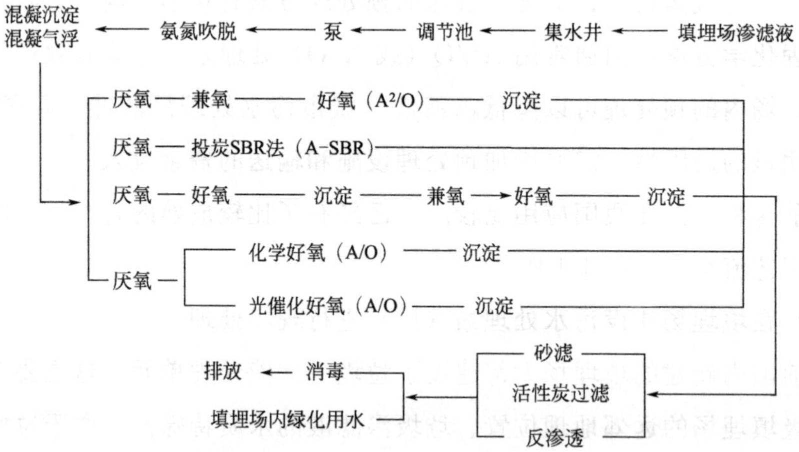

图 1-2 多种成熟的用于场内处理的处理工艺

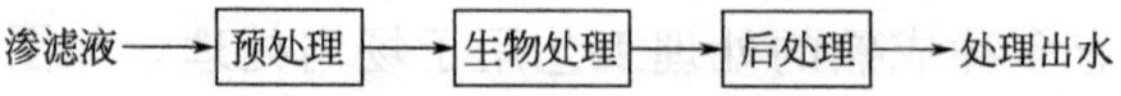

图 1-3 垃圾渗滤液处理系统基本流程

通常采用混凝沉淀、过滤、吸附、反渗透等物理化学方法。

① 吸附法

吸附处理中常用的吸附剂是活性炭。活性炭对水中苯类化学物、酚类化学物等许多有机物有较强吸附作用，对分子直径在 10^{-8}～10^{-5}cm 或分子量在 400 以下的低分子溶解性有机物的吸附性好，对极性强的低分子化学物及腐殖酸类高分子有机物的吸附能力差。此外，活性炭对一些重金属氧化物有较强的吸附能力。活性炭吸附具有装置简单，对水质、水量变化适应性强等特点。

② 化学氧化法

化学氧化法是利用氧化还原反应改变水中的有毒、有害物质的化学性状，使其达到无害化的一种处理方法。化学氧化可用于脱色、去除重金属、酚、氰和有机化合物的降解及消毒等。氯气、臭氧、双氧水、高锰酸钾等通常被用作氧化剂。化学氧化法应用于垃圾渗滤液的处理中主要效果在于除臭和脱硫，COD 去除率通常在 20%～50%之间，但该法可以大大提高垃圾渗滤液的可生化性。目前化学氧化法主要有臭氧氧化、电解氧化、Fenton 试剂氧化法、TiO_2 光催化氧化技术等。Fenton 法是一种深度氧化技术，即利用 Fe^{2+} 和 H_2O_2 之间的链反应催化生成·OH 自由基，而·OH 自由基具有强氧化性，能氧化各种有毒和难降解的有机化合物。虽然 Fenton 试剂价格低，反应条件温和，无二次污染，但它只能将部分有机物氧化或耦合成可生化的化合物，而不易氧化多环芳烃等分子量大、化学性能稳定的有机化合物。TiO_2 光催化氧化技术是新型现代水处理技术之一，具有工艺简单、能耗低、耐冲击负荷、无二次污染、去毒降害等特点，该方法主要适用于垃圾渗滤液的深度处理阶段。但 TiO_2 作为纳米材料的一种新型催化剂，对于其用量、寿命、光照时间、失活与再生等方面有待进一步研究。TiO_2 光催化氧化技术目前多停留在实验阶段，其运行费用高成为其应用于实际处理工程的瓶颈。

③ 蒸发法

垃圾渗滤液蒸发处理时，水从渗滤液中沸出，污染物残留在浓缩液中。所有重金属和无机物以及大部分有机物的挥发性均比水弱，因此会保留在浓缩液中，只有部分挥发性烃、挥发性有机酸和氨等污染物会进入蒸汽，最终存在于冷凝液中。蒸发处理工艺可把渗滤液浓缩到不足原液体积的2%～10%。与其他处理不同，蒸发对水质变化的影响不大，但pH值是蒸发的重要影响因素，pH值影响渗滤液中挥发性有机酸和氨的离解状态，从而改变它们的挥发程度。另外，酸性条件对蒸发器金属材料腐蚀性较强。

④ 膜法

膜法也称膜分离技术，是利用特殊的薄膜对水中的成分进行选择性分离，包括电渗析、扩散渗析、反渗透、超滤和液体膜渗析等分离技术，其中反渗透和超滤应用最为普遍。膜分离是利用某些膜的半渗透性进行溶质与水的分离，半透膜只允许水和某些溶质透过，而其他溶质及颗粒物均无法通过，与传统的简单过滤相比，超滤和反渗透有所不同。砂滤及超微滤可截留摩尔质量在10000～100000g/mol以上的分子，反渗透则可截留摩尔质量在10g/mol以上的离子和分子。通常将反渗透与微滤或超滤技术联合起来应用，首先利用微滤或超滤技术提高有机污染物的去除能力，并为反渗透的正常运行创造适宜条件，而后利用反渗透优异的分离性能，使得膜分离的渗透液COD浓度达标。但RO膜之后的浓缩液回灌填埋场会产生严重的后果，浓缩液回灌后COD和氨氮浓度都增加了，同时垃圾渗滤液的含盐量增加会引起电导率增大，从而立即影响到反渗透膜的处理。反渗透处理系统要克服渗透压就要在很高的压力下运行，然而，渗透压是和液体的盐量成正比的，当浓缩液回灌填埋场，含盐量增加，渗透压增大，如果反渗透处理系统压力保持不变，将会导致渗透液的出水流速很低。所以，需要增大反渗透处理系统压力，而这需要增加投资和增大能源消耗。膜生化反应器MBR（Membrane Biological Reactor）是生化反应器和膜分离相结合的高效废水处理系统，生化反应器内微生物浓度从3～5g/L提高到15～20g/L，生化反应器体积小，生化反应效率提高，出水无菌体和悬浮物，在处理高浓度有机废水方面已得到较多的应用，尽管膜技术存在工程投资高、膜污染、膜分离浓液二次污染的问题，但该技术目前在全世界均处于高速成长期，具有广泛的应用前景。在人们的概念中一提到膜处理技术总认为这是高新技术，使用成本一定高，其实则不然。考虑经济问题时应该综合考虑，只看设备可能贵点，但它占地少、操作方便、运行管理费用低，能在较短时间就将固定设备投资收回，而处理效果大大超过常规的水处理方法，水质的不稳定性对膜处理效果的影响较小。这样比较，膜处理技术的优势就很显著。另外，随着膜工业市场的扩大，技术的不断改进和发展，膜产品的成本会不断下降，其经济的优势是不言而喻的，其发展前景也是十分广阔的。

⑤ 好氧生物处理

生物法主要分好氧处理和厌氧处理以及二者结合的方法，具体的工艺形式有稳定塘、生物转盘、活性污泥法、厌氧固定膜生物反应器、上流式厌氧污泥床等。活性污泥法费用低、效率高，故应用广泛。传统活性污泥法能去除渗滤液中99%BOD_5，80%以上的有机碳能被活性污泥去除，即使进水中有机碳高达1000mg/L，污泥生物相也能很快适应并起降解作用。与活性污泥法相比，生物膜法具有抗水量、水质、冲击负荷的优点，而且生物膜上能生长世代时间较长的微生物，如硝化菌之类。

⑥ 厌氧生物处理

厌氧生物处理有许多优点，最主要的是能耗少、操作简单。因此投资及运行费用低廉，而且由于产生的剩余污泥量少，所需的营养物质也少，如其BOD_5：P只需为4000：1，虽然垃圾渗滤液中磷的含量通常少于10mg/L，但仍能满足微生物对磷的要求。物化法与其相比，虽然能使垃圾渗滤液在处理后达到或接近日益严格的渗滤液处理排放标准，但高额的费用对于经济不发达的地区仍然很难接受，所以厌氧生物处理作为可持续的处理方式，总的来说是优于物化处理的。就目前而言国内关于上流式厌氧污泥床（UASB）反应器为主的厌氧工艺用于处理成分复杂的垃圾渗滤液的研究与应用已经十分成熟和广泛，故发展以上流式厌氧污泥床（UASB）为主要反应器的高有机负荷率的厌氧工艺处理垃圾渗滤液是相当有前景的。

⑦ 土地处理技术

该法主要是利用土地生态系统处理垃圾渗滤液，利用土壤处理系统的过滤、离子交换、吸附和沉淀等去除垃圾渗滤液中的悬浮固体颗粒物和可溶解成分；通过土壤中的微生物作用使渗滤液中的有机物和氨发生转化，通过蒸发作用减少渗滤液的产生量。人工湿地是较常见的土地处理工艺。土地法处理垃圾渗滤液的主要形式是渗滤液回灌和土壤植物处理系统，很多研究试验表明渗滤液灌溉对植物的生长既有正面效应又有负面影响。土地处理技术具有投资少、能耗低、易于管理、对水质水量的变化有较强的适应能力、可以充分利用垃圾渗滤液中的营养物质实现环境效益与经济效益统一等诸多优点。但这种方法所能接受的污染物负荷不能过高，水质处理能力有限（垃圾渗滤液中的大部分有机物污染物可以通过循环去除，但其他一些污染物如 Cl^-、SO_4^{2-}、NH_4^+-N 等不能明显去除）。受气候条件限制，该技术一般适用于干旱地区，并且目前缺乏设计经验参数和规范。此外，土地处理技术还有一个明显的缺点就是占地大，在土地资源日益紧张的今天，其受到极大的限制。土地处理技术一般用于垃圾渗滤液处理的预处理阶段。

⑧ 稳定塘处理技术

稳定塘是经过人工改造的污水池塘，主设围堤、防渗层。主要依靠人工自然生态系统净化污水。污水在塘内缓慢地流动、长时间的贮留，通过污水中的多种生物（主要是微生物、水生植物）起主导作用，使污水得到净化，涉及了好氧塘、兼性塘、曝气塘和厌氧塘等多种塘。该技术是比较古老的污水处理技术，可开发利用废弃河道、沼泽地、峡谷等，具有工程简单、建设投资运营费用低、易于施工、通过污水处理与利用的有机结合缓解城市黑臭水体、环境和经济效益明显等优点。稳定塘能有效去除垃圾渗滤中分子量小于1000的有机小分子，但对于分子量大于5000的分子几乎不起作用，所以单一稳定塘的处理效果并不能满足现行的排放标准，组合塘工艺才是水质保障的重要方式。

⑨ 组合处理技术

垃圾渗滤液处理技术成分复杂多变，水质、水量不稳定，用一种方法通常很难达标，不同类型工艺的协作处理，取长补短，联合共治，才是实现达标排放的必选之路。物化与生化相结合，可降低基建、能耗的投资和成本，同时实现出水效果稳定达标。但组合工艺的最大问题是不具有普适性的统一有效的方案，所以各地区必须结合自己的实际情况和出水要求选择适合的工艺。

一般组合工艺的考虑角度主要有：

a. 低能耗降解污染物，一般采取厌氧好氧结合处理工艺；

b. 高浓度氨氮的去除，一般选择物理脱氮占组合工艺的主导位置；

c. 难降解有机物与色度的去除，一般在二级生化出水后要联用深度物化处理技术如化学氧化、反渗透、超滤等；

d. 水质变化较大的垃圾渗滤液，常用的组合工艺为生物处理-化学氧化-生物后处理、生物处理-活性炭吸附、生物处理-反渗透-浓缩液蒸发、厌氧-吹脱-缺氧-好氧-混凝沉淀、UASB＋RBC、UASB＋A/O＋UASB、UASBF-SBR-混凝沉淀等。

1.1.2 国内垃圾渗滤液处理技术存在问题

垃圾渗滤液作为一种垃圾填埋场防治出现的二次污染浓水，因其氨氮浓度、有机物浓度、硫酸根离子浓度高以及富含重金属离子等特点和现行排放标准日益严格，导致其处理工艺复杂、设备多、处理时间长；此外，其处理量一般较小，导致设备折旧、维修费较高，整体上需要较高的投资、运营成本。总之，现行垃圾渗滤液处理存在的问题是垃圾渗滤液性质极其复杂、BOD/COD 比值低以及投入资金严重不足、处理率低等。然而，垃圾渗滤液的处理是垃圾填埋场防治二次污染的关键问题。我国对垃圾渗滤液处理的研究目前还不够深入，通常对于“年轻”的垃圾渗滤液（填埋期＜5 年），因为其易生物降解，采用厌氧＋好氧的处理方法；而对“年老”的垃圾渗滤液（填埋期在 5～10 年），因为它很难生物降解，碳氮比很低，可生化性差等，故还要采用成本较高的物化处理方法，如反渗透、超滤、纳滤等。处理垃圾渗滤液的成本通常比较高，所以如果能将产生的沼气加以利用（而不是白白的烧掉），或利用处理后的出水，或利用生态处理的优势生产出相应产品，使垃圾填埋场能创造出一定的经济效益，就能降低处理的成本。

国内目前对于垃圾渗滤液氨氮的去除，大多采用氨吹脱和全程硝化-反硝化。氨吹脱工艺必须调整垃圾渗滤液 pH 值到 11 左右，而这需要投加大量石灰，在生化处理中又需要投加酸调节 pH 到中性，导致处理成本过高。因此氨吹脱作为一种落后的脱氮工艺，不应该继续在新建的垃圾渗滤液处理中使用；如若采用氨吹脱工艺则要将氨的回收一并考虑进来，从而真正实现污染物节能和减排。而目前大多数垃圾渗滤液所采用的传统脱氮工艺即全程硝化-反硝化技术，由于需氧量大，反应速率慢也不适合垃圾渗滤液的脱氮处理。

物化预处理去除高质量浓度氨氮操作复杂且费用高；直接生化时高质量浓度的氨氮可能会抑制微生物的活性；高质量浓度的有机物会抑制硝化反应的进行；垃圾渗滤液水质随填埋时间会发生很大变化，造成晚期垃圾渗滤液碳氮比失调，使得提高生化脱氮效率难度很大。因此需要一种完整的经济有效的处理工艺来实现垃圾渗滤液深度脱氮。然而，目前还没有一种完整的经济有效的处理工艺，国内采用的处理技术主要有物理化学法、好氧生物处理法、厌氧生物处理法以及各种处理方法的联用。物理化学法主要作为预处理和后处理，生物处理工艺因其处理效果稳定，成本相对较低往往被用作主要处理工艺，故目前对垃圾渗滤液的处理以生物法为主，如 UASB 工艺、Anammox 工艺、MBR 工艺、SBR 工艺、厌氧-好氧工艺等。近年来又出现许多新的工艺，如 NF-旋转圆盘膜（Rotating Disk Membrane，NF-RDM）、电化学法、H_2O_2 强化 IMA 工艺、部分硝化，厌氧氨氧化，反硝化耦合技术、EGSB、同步厌氧好氧反应器（SAA）、动态膜反应器（DMBR）等，这些技术均取得了一定的处理效果。

目前厌氧-好氧组合工艺是处理垃圾渗滤液经济、有效的方法。有研究表明，厌氧与好氧组合系统可以同时去除垃圾渗滤液中的有机物与氨氮。由于垃圾渗滤液有机物浓度一般较高，为节省运行费用，通常先用厌氧生物法处理，UASB 则是其中常用的一种，以 UASB 为核心处理工艺的组合工艺实用性较强，适用范围较广。在厌氧分解阶段，有机氮转为氨氮，且存在 NH_4^+、NH_3、H^+ 反应。需要注意的是要防止 UASB 的酸化，pH 值若在 5～6 以下，反应器将会有酸化可能，从而会造成 UASB 中的颗粒污泥解体，处理效果下降。若 pH＞7 时，平衡中的 NH_3 占优势，可用吹脱法去除。但厌氧分解时 pH 近似等于 7，因此出水中可能含有较多的 NH_4^+，将会消耗接纳水体的溶解氧。由于该法的处理出水中有机物浓度较高，一般采用好氧生物处理系统，以确保出水有机物浓度进一步降低，但是该法需要相对长的处理时间。面对猛增的垃圾增长量，越来越多的垃圾渗滤液随之产生，当前的处理技术从处理效能上还有待提升。

垃圾分类回收，改变垃圾处理方式，如采用焚烧、堆肥的方式处理垃圾，从源头上减少垃圾，进而减少垃圾渗滤液的产生是根本办法。对于生化性极差的垃圾渗滤液（晚期垃圾渗滤液）必须采取与物化结合的办法进行深度处理才能相对有效地使水质达标。此外，对于目前比较流行的膜处理技术，因其用于处理垃圾渗滤液时成本高而且会产生更难处理的“浓缩液”等问题，膜技术在垃圾渗滤液处理方面将会受到很大的限制，所以需加大对膜法应用实践的研究力度，研究新材料、新技术克服现有膜法的缺点，再加以规模化生产，从而降低其处理垃圾渗滤液的投资和运行成本。

1.2 国外垃圾渗滤液处理技术的研究现状和最新进展

美国的卫生填埋场出现在 20 世纪 30 年代，到 60 年代基本成型。

近年来，随着垃圾填埋技术的不断发展，对二次污染问题的研究也逐渐深入。由于垃圾数量逐年递增，成分日趋复杂，以及气候、水文、设计、施工等因素的影响，在垃圾填埋过程中，甚至在封场后相当长的一段时间里，会从垃圾层渗出高浓度的废水——垃圾渗滤液。

1.2.1 国外垃圾渗滤液处理技术的研究现状

发达国家的垃圾成分与我国主要城市的垃圾成分差异很大，发达国家食品垃圾和灰渣所占比例明显低于我国，而纸类、玻璃、塑料等则明显高于我国，同时国外垃圾含水率一般为20%～30%，与土壤持水能力相当，而我国垃圾含水率一般在4%～50%，夏季则更高。这种状况决定了我国垃圾填埋场渗滤液控制既要借鉴国外经验，更要考虑自身特点。

尽管垃圾成分千差万别，但是填埋场内垃圾所经历的生化反应过程可以对照有机物厌氧发酵的研究成果，分为以下几个阶段。

第一阶段为快速好氧分解阶段（一般不到1个月时间）。由于垃圾空隙中存在一定量的空气，有机物在有氧环境下产生大量二氧化碳气体，并放出热量，使垃圾体温度升高。

第二阶段是厌氧和兼性生物体（产酸菌）。利用前一阶段生成的SO_4^{2-}和NO_3^-作为氧源，水解和发酵纤维素等其他易腐物，得到简单的可溶性有机物，如多糖类水解为单糖，蛋白质转化为氨基酸，脂类生成甘油和脂肪酸，同时产生硫化物、氮气和二氧化碳及小分子有机酸，如乙酸、丙酸、丁酸等的过程。这一阶段约经历半年到数年，直到转化趋于平衡。

第三阶段是在产甲烷菌作用下，将简单的有机化合物发酵成甲烷和二氧化碳等，即释放出填埋气体（LFG）的过程，此阶段严重厌氧，渗滤液成分基本稳定，历时较长。

1.2.1.1 对垃圾渗滤液产生的控制

垃圾渗滤液主要来源于降水、垃圾含水和分解水。要控制垃圾渗滤液的产生，Thomas H. Christensen（丹麦）等认为应通过垃圾源头管理、回收中心等将城市垃圾中有害的部分，如废电池、过期药品、汞灯等分离出去，从而降低垃圾渗滤液中重金属和其他有毒物的浓度。另一方面，可以利用机械分选有机物和纸张，把这些可生物降解的废物堆肥或厌氧发酵，减少产生垃圾渗滤液的可能。Heiko Doedens 和 UIf Theilen（德国）指出，要从质和量两个方面对垃圾渗滤液加以控制，如限制作业区面积，或在蒸发条件好的月份以 5mm/d 的速率喷洒稳定化的垃圾渗滤液（$BOD_5/COD<0.1$），加快填埋场稳定以降低垃圾渗滤液的浓度，德国常在填埋场底部铺一定厚度的堆肥，并通过垃圾渗滤液回灌调节含水率到 50.9%～60.9%。美国近年来出现了一种“干理法”的技术，也就是说，严格限制进入垃圾填埋场的水量。使垃圾中无机物占大多数，并着重进行垃圾填埋场顶部覆土层的设计和研究，最大限度地减少外部水的进入。

我国和其他国家相比，厨余垃圾所占比例较大，预处理程度较低，关于垃圾渗滤液回灌技术的中试研究（以上海老港废弃物垃圾填埋场为例）仍在进行。现阶段我国运营的垃圾填埋场一般都设有地表径流导排系统（包括导流坝、环场截洪沟和场内分区截洪沟），但对地下径流和降水入渗及最终覆土层的设计考虑不够，垃圾渗滤液的产生受多种因素的制约，既不同于德国年降水量 70mm 的气候条件，也不同于美国“干埋法”所使用的环境条件，因此需要进一步加强管理，提高设计水平，采取适当的垃圾渗滤液控制措施，使之不至于对地下水、地表水、周围土壤和植物产生危害。

1.2.1.2 对垃圾渗滤液渗漏的控制

垃圾填埋场中的气、液、固三相构成了一个厌氧消化器。在现代化的高度压实的固体废弃物填埋场中垃圾渗滤液和填埋气体可能在一段相当长的时间里逐步形成和释放。最初人们只注重地表径流的导排，并没有认识到防渗的重要性。1977 年，美国共有 18500 个垃圾填埋场，几乎有一半对水体产生了污染。我国兰州东盆地雁滩水源地因垃圾渗滤液污染而废弃，西盆地马滩水源地部分水井报废。

美国卫生垃圾填埋场现已普遍采用双层复合衬垫系统防止垃圾渗滤液的渗漏，衬垫系统位于垃圾填埋场底部和周围侧面，是一种水力隔离措施，可避免废弃物污染周围土地和地下水。可以说垃圾填埋场所有系统中最关键的部位是衬垫或衬垫系统，它与垃圾渗滤液收集和排放系统、气体收集系统和封顶系统构成了现代卫生填埋场的四大组成部分。在美国，1982 年前主要采用单层黏土衬垫；1982 年开始采用单层黏工膜衬垫；1983 年改用双层土工膜衬垫；1984 年又改用单层复合衬垫；1987 年后则广泛采用带有两层垃圾渗滤液收集系统的双层复合衬垫系统。而我国 1997 年 10 月建成的深圳下坪固体废弃物填埋场也仅使用了单层高密度聚乙烯（HDPE）复合衬垫系统，而其他许多城市的垃圾卫生填埋场因资金、技术限制，多采用天然衬垫防渗。据资料介绍，采用复合衬垫系统即使施工质量只能达到较差或中等水平，防渗能力与天然衬垫（如黏土）施工质量为优时相当，故具有更高的可靠性、安全性。此外，垃圾渗滤液集排水设施能有效地避免垃圾渗滤液在场内积累，为此要正确选择集排水设施的材质，避免堵塞，确保其长期稳定运行。垃圾渗滤液集排水设施一般包括排水层、集水槽、多孔集水管（常采用聚氯乙烯管或高密度聚乙烯管）、集水坑、提升管、潜水泵（常采用不锈钢威特氟隆制造）和集水池。我国深圳下坪填埋场采用高密度聚乙烯多孔集水管导流垃圾渗滤液，主干管直径为 6355mm，分支管直径为 355mm，整体径向强度≥24MPa。

1.2.1.3 加强垃圾渗滤液处理

垃圾渗滤液处理是目前大多数填埋场遇到的最大难题之一。目前采用的垃圾渗滤液处理方法大体分为生物处理法和物理化学法。生物处理法包括好氧处理（如曝气塘、活性污泥法、生物转盘和滴滤池等）、厌氧处理（如上向流厌氧污泥床 UASB、厌氧折流板反应器 ABR、厌氧塘等）和缺氧/好氧（A/O）混合处理。物化法主要有化学混凝沉淀、活性炭吸附、膜渗析和湿式氧化等多种方法。物化处理不受水质水量变动的影响，出水水质比较稳定。国外对这方面研究较多，但由于成本高，常用生物处理法作为垃圾渗滤液处理工艺的一部分。美国、加拿大、英国和澳大利亚的小试和中试研究表明，采用曝气氧化塘能获得较好的处理效果。我国深圳下坪垃圾填埋场和福州红庙岭垃圾填埋场均采用生物塘作为垃圾渗滤液处理工艺的最后一环。目前上海老港废弃物处置场亦采用氧化塘和芦苇湿地联合处理垃圾渗滤液。日本垃圾渗滤液处理多采用生物处理和物化法相结合，原则流程为：硝化-反硝化-化学混凝-活性炭吸附-消毒灭菌。我国台湾对高浓度的垃圾渗滤液采用缺氧脱硝/好氧硝化生物流程，在回流比为 8，硝化槽污泥负荷为 0.04～0.07kg NH_4-N/(kg MLVSS·d) 以下，碳氮比适宜的条件下，可有效处理台南市城西里垃圾填埋场的垃圾渗滤液（COD 去除率 80%～86%，氨氮 99%以上硝化率），但当垃圾渗滤液浓度增大时，无法满足排放标准，有待进一步研究。

德国的 HeikoDeden 等则介绍了一种生物-物理法联合处理工艺。瑞典的 Welander U. 和 Henrysson T. 进行了悬浮填料生物膜法处理垃圾填埋渗滤液的中试研究，处理过程也分好氧、缺氧两个阶段，都在悬浮填料生物膜上进行。在好氧过程中 COD 降低了 15%～30%。超滤和凝胶过滤色谱法研究表明大部分低分子量的有机化合物被降解，但一部分低分子量化合物处理后仍然存在，而大部分亲水性有机物不变化。芬兰坦佩雷工学院的 Kettunen Rittat H 等采用上向流厌氧污泥床反应器（UASB）对低温条件下（13～23℃）填埋场垃圾渗滤液（COD 仅为 1.5～3.2g/L）进行处理，其中在 18～23℃，有机负荷率（OLR）为 2～4kg COD/(m^3·d) 时，COD 去除率达 65%～75%，BOD_7 去除率达 95%以上；在 13～14℃，有机负荷率（OLR）为 1.4～2kg COD/(m^3·d)

时，COD去除率为50%～55%，而BOD去除率为72%，甲烷生成量为320mL CH_4/g COD。

此外，在物理化学法处理垃圾渗滤液方面国外也有相当多的研究。如意大利的Chianese Angelo等采用反渗透法，在COD不太高的情况下通过膜的渗透速率随COD值线性减少。COD去除率受压力影响很大，在53atm（1atm＝101325Pa）下可去除98%的COD。但反渗透法对渗透膜的质量要求较高，目前国内技术尚未达到这一水平，且渗透膜还需定期清洗。韩国大田大学的Bae Byung. UK等提出用活性污泥法和电子束辐射（EBR）处理分子量为30000以上的难处理组分。

1.2.2 国外垃圾渗滤液处理技术的最新进展

土地填埋是城市垃圾处理处置中最经济的方法，但垃圾渗滤液的处理一直是国内外城市垃圾管理系统中的棘手问题。国内报道了很多垃圾渗滤液处理的工艺，但一直难以寻找到经济有效的工艺。以下重点介绍国外最新的生物处理技术及其组合工艺，以期对国内垃圾渗滤液的处理有着启发和借鉴的作用。

1.2.2.1 好氧生物技术

(1) 活性污泥法

几乎所有垃圾渗滤液的生物处理技术都集中在对COD和NH_4^+-N的去除上，而Ahmet Uygur等首次研究了序批式活性污泥法（SBR）对生物营养元素（COD、NH_4^+-N和PO_4^{3-}-P）的去除。比较了3段（厌氧/缺氧/好氧）SBR、4段（厌氧/好氧/缺氧/好氧）SBR和5段（厌氧/缺氧/好氧/缺氧/好氧）SBR工艺处理垃圾渗滤液的效果，结果显示5段SBR工艺最优，对COD、NH_4^+-N和PO_4^{3-}-P的去除率分别为62%、31%和19%。进而比较了在添加粉末活性炭（PAC，1g/L）的情况下，用5段SBR工艺处理垃圾渗滤液与生活污水的混合液（体积比为 1∶1），COD、NH_4^+-N 和 PO_4^{3-}-P 的去除率得到大幅提高，分别达到 75%、44%和 44%。生活污水的混入提高了垃圾渗滤液的生化性，PAC 通过吸附去除非生物降解物质和有毒物质，同时也有助于微生物絮体的形成。

抑制物质的稀释和缓慢的累积，以及曝气池中高浓度的微生物含量，使得序批进水方式特别适用于难降解有毒污染物的处理。Fikret Kargi 等对序批进水处理垃圾渗滤液做了一系列的研究，并且构造了经验公式，用来量化 PAC 对生物处理过程的影响。未加入 PAC 时，一次进水（1×30h）和分段进水（3×10h 和 5×6h）对 COD 的去除率分别为 74%、78%和 79%；加入 PAC（2g/L）后，COD 的去除率分别为 85%、91%和 91.5%；氨氮的去除并未受到进水方式的影响，尽管分段进水相对一次进水能提高 COD 的去除率，但是分段进水周期的长短并未对 COD 的去除有明显影响。在 PAC 和粉末沸石（PZ）的性能比较方面，发现 PAC 具有显著的 COD 去除优势，而 PZ 则能高效地去除氨氮。

（2）生物膜法

传统的活性污泥法能有效地去除有机物和营养元素，但是污泥沉降性能不足，需要增加污泥回流和增大沉淀池体积。近年来，一些新型的生物处理方法引起了人们广泛的兴趣，流化床生物膜法就是其中一种新型的附着生长生物处理系统。Loukidou 等比较了 SBR 中两种不同的生物膜载体，聚氨酯泡沫（废弃的包装材料）和颗粒活性炭（GAC）处理渗滤液的效果。以聚氨酯泡沫为生物膜载体的 SBR，其 COD 和 BOD_5 的平均去除率分别是 65%和 90%；色度的去除率接近 70%；浊度的去除接近 90%；启动阶段 NH_4^+-N 的去除率相对较低，只有 60%左右，但是后期提高系统的碱度后，去除率超过 95%。以 GAC 作为生物载体的 SBR，COD 和 BOD_5 的平均去除率分别是 81%和 90%；NH_4^+-N 的平均去除率为 85%，但是最大去除率低于前一系统；色度的去除率较为明显，达到 80%；而浊度的去除率较低。以聚氨酯泡沫为载体，降低了处理成本，而去除效果与 GAC 相近，这种悬浮生长生物膜法具有良好的应用前景，能够替代传统的活性污泥法。

Jokela 等比较了以碎砖块（粒径 16～32mm）为载体的升流式滤床（UF），以熟化堆肥中的颗粒物（粒径 10～70mm）为载体的降流式滤床（DF）和以聚乙烯材料（粒径 9.1mm）为载体的悬浮生物膜工艺（SCBP）对垃圾渗滤液中氨氮的去除率。UF 的硝化率在 60d 后提高至 90%以上，COD 的去除率在 26%～62%；DF 和 SCBP 的硝化率均在 90%以上；提高有机负荷后硝化反应均受到抑制，其中 UF 硝化率下降至 20%以下，而 COD 的去除率分别提高到 70%～75%、80%和 90%。通过比较发现，应用低成本的废弃材料作为生物膜载体，能够实现快速和稳定的硝化反应，避免了处理废弃载体带来的二次污染，为低成本处理垃圾渗滤液提供了一个良好的研究前景。

1.2.2.2 厌氧生物技术

Calli 对升流式厌氧污泥床（UASB）、升流式厌氧滤池（UAF）和复合式厌氧反应器（UBF）处理含高浓度氨氮（2500mg/L）的垃圾渗滤液进行了试验研究，有机负荷为 2.9～23.5kg COD/(m^3·d)，水力停留时间（HRT）为 2d，在游离氨达到抑制浓度之前，各反应器均具有相近的 COD 去除率（75%～95%）。为了降低游离氨的抑制作用，第 181 天调节进水 pH 值至 4.5 后，反应器内 pH 值和游离氨的质量浓度分别从 8.3mg/L 和 330mg/L 降至 7.5mg/L 和 30mg/L，COD 的去除率恢复至 85%。各反应器 COD 去除率一般均高于 80%，而 UASB 去除率总是最低；UAF 和 UBF 均有较高的耐氨氮毒性，而 UASB 系统在氨氮的质量浓度超过 1500mg/L 时恶化。除了传统的厌氧控制参数，他们还采用了变性梯度凝胶电泳（DGGE）、克隆和荧光原位杂交（FISH）技术比较最终的微生物组成，研究表明反应器的结构并没有对微生物的组成带来显著影响。

Kennedy 等试验研究了不同有机负荷（OLRs）下，HRT 为 24h、

18h 和 12h，垃圾渗滤液含量为 33%、66%和 100%时，序批式和连续式 UASB 对溶解性 COD 的去除效果。结果显示，在 OLRs 不高的情况下，序批式 UASB 的去除率为 71%～92%（垃圾渗滤液的 HRT 为 12h 时），连续式 UASB 的去除率为 77%～91%（垃圾渗滤液的 HRT 为 12h 时）。研究表明，在耐受有毒物质冲击方面连续式 UASB 具有相对优势。

1.2.2.3 组合工艺

（1）厌氧生物膜-好氧活性污泥

Jeong-hoon Im 等对能同时处理垃圾渗滤液中有机物和氮元素的厌氧/好氧系统做了深入研究，他们把好氧反应器的出水回流至厌氧反应器，从而实现厌氧反应器内同时进行甲烷化和反硝化。在升流式厌氧生物膜反应器中最大 OLRs 是 15.2kg COD/(m^3·d)，去除率达到 80%，负荷为 1.1kg NO_3^--N/(m^3·d) 时，最大反硝化速率和去除率分别是 1.04kg NO_3^--N/(m^3·d) 和 99%；而好氧活性污泥反应器中，HRT 为 4d，氨氮负荷超过 1.25kg NH_4^+-N/(m^3·d) 时，氨氮的最大去除速率是 0.84kg NH_4^+-N/(m^3·d)。在处理新鲜垃圾渗滤液的过程中，甲烷化和反硝化同时在同一厌氧反应器进行；处理“中老年”填埋场的垃圾渗滤液时，因其可生化性降低，甲烷化受到抑制，但是反硝化仍然可正常进行，这为“中老年”填埋场渗滤液的生物处理技术提供了参考，但出水仍需要去除非生物降解物质和进一步反硝化来满足排放标准。

（2）活性污泥法-淹没式膜生物反应器

Laitinen 等研究了 SBR 和淹没式膜生物反应器（MBR）组合工艺，在 SBR 中，SS、BOD_7、NH_4^+-N 和 PO_4^{3-}-P 的去除率分别达到 89%、94%、99.5%和 82%。MBR 提高了出水水质，并减少了水质的波动，其中 SS 和 PO_4^{3-}-P 的去除率分别超过了 99%和 88%，BOD_7 和 NH_4^+-N 的去除率均超过 97%，TN 去除率可以达到 50%～60%。这种工艺虽然取得了较好的出水水质，但膜组件更容易污染，而且不容易清洗和更换，运行成本偏高。

(3) 升流式厌氧污泥床-完全混合反应器

Agdag等研究了2段UASB与完全混合反应器（CSTR）的组合工艺处理垃圾渗滤液。最大OLRs为16kg COD/(m^3·d)，2段UASB的HRT分别为1.25d和4.5d，CSTR的污泥停留时间（SRT）为15d，随着OLRs的增加，第一段UASB的COD去除率从58%增加到79%，NH_4^+-N的去除率为13%～27%；第二段UASB的COD去除率下降到40%，NH_4^+-N的去除率为2%～7%；CSTR的COD去除率为85%～89%；整个系统的COD和NH_4^+-N去除率分别为96%～98%和99.6%。系统虽然取得了较高的去除效果，但是2段UASB的采用使得系统的操作变得更加复杂。

(4) 生物膜颗粒污泥反应器-高级氧化法

Iaconi等研究了序批式生物膜颗粒污泥反应器（SBBGR）处理“老年”垃圾渗滤液。结果表明，OLRs为1.1kg COD/(m^3·d) 时，生物处理段，COD的平均去除率为78%，由于垃圾渗滤液中存在较高的盐度和抑制物，氨氮去除率不到20%。以鸟粪石沉淀的形式降低氨氮浓度后，有机负荷可提高至4.5kg COD/(m^3·d)，而COD去除率只降低10%。生物处理后的出水分别经过臭氧和Fenton工艺处理后，COD去除率为33%和85%。这是一种新型的工艺，体积小，转化率高，污泥产量低，不需要二沉池，能有效降解有毒物质和难降解物质。

(5) 膜生物反应器-反渗透（RO）

Won-Young Ahn等运用MBR-RO工艺成功取代了生物转盘(RBC)-GAC吸附工艺，避免了垃圾填埋厂老龄化引起的可生化性降低和氮含量增加造成的生物膜脱落和GAC的频繁更换，以及COD_{Cr}和TN去除率低下。经改进后，MBR提高了BOD_5的去除率和硝化速率。MBR处理后的出水BOD_5平均约9mg/L，去除率约97%，COD_{Cr}的去除率只有38%，氮没有被去除，但是硝化速率的提高促进了RO对氮的去除。MBR的出水再经RO处理后，整个系统对COD_{Cr}的去除率为

97%，TN 的去除率为 91%。

1.2.2.4 其他生物方法

Heavey 经过 4 年的试验研究认为，泥炭的阳离子交换容量不是氨氮去除的唯一途径，并且由吸附测试证实，阳离子交换位仅仅在硝化之前提供暂时的贮存。基于这一理论，Heavey 进行了干泥炭床和湿泥炭床的试验研究，在设计流速均为 20mm/d 时，BOD 的负荷分别为 36g BOD/(m^2 · d) 和 11.5g BOD/(m^2 · d)，同时氨氮的负荷分别为 11g NH_4^+-N/(m^2 · d) 和 3.4g NH_4^+-N/(m^2 · d)。泥炭床处理系统成本低，运行费用低。干泥炭床的处理量较高，可与高成本的氧化塘系统相媲美，特别适用于小型的垃圾填埋场和已关闭的垃圾填埋场。

Aizhong Ding 等利用富集培养技术从废水、污泥和土壤样品中筛选出 8 种有效微生物（EMs）对垃圾渗滤液的处理做了初步研究。预试验中，他们把分别填充有细砂和土壤（含细砂 5%～25%）的圆柱反应器，经体积分数为 10%的 HCl 淋洗和去离子水清洗，以除去介质的背景值影响。再把 EMs 分别注入反应器，适应 10d 后，采用垃圾渗滤液喷淋的方式试验 25d。结果表明，未注入 EMs 的空白试验能去除 10%～40%的 COD，而注入 EMs 的两个反应器能分别比空白试验多去除 25%和 40%的 COD。他们又进一步通过模拟试验研究了 EMs 对垃圾渗滤液的原位生物控制的影响。为了区分 EMs 和土著微生物对垃圾渗滤液的生物降解，试验分两阶段进行：阶段 A，未注入 EMs，即蓄水层中不含生物反应墙，垃圾渗滤液渗透通过不饱和区域到达地下水；阶段 B，注入 EMs，即在蓄水层中形成生物反应墙，垃圾渗滤液渗透通过不饱和区域流经生物反应墙实现净化。对比试验结果发现，阶段 A 和阶段 B 对 COD 的去除率分别为 60%和 95%，无机氮的去除率均为 100%。原位生物处理能够有效地解决环境污染问题，不会对环境造成二次污染，而且成本不是很高，有利于推广，但是原位生物处理受土壤特性、微生物的活性以及垃圾渗滤液性质的影响。

由于垃圾渗滤液含有高浓度的有机物和有毒物质，对环境的污染较大，处理不当会对环境造成更严重的二次污染，而且垃圾渗滤液的性质随着垃圾的组成、年份、地理和气候环境而变化，因此垃圾渗滤液的处理技术一直是目前的研究热点和难点之一。经过多年的研究，涌现出各种工艺，其中生物处理工艺相对物理和化学工艺具有成本低、处理效率高和对环境的二次污染小等优点，但是单一的生物处理工艺并不能完美地解决垃圾渗滤液的环境污染问题，特别是对可生化性较低的“中老年”填埋场的垃圾渗滤液。因此，注重组合工艺的研究以及提高可生化性和降低有毒物的抑制是生物处理技术急需解决的问题。

能耗和二次污染最少化的新工艺处理技术研究已成为我国水污染处理技术研究的重要方向，也是近年来国际上环境保护领域面向21世纪的研究热点之一。特别对于经济不发达、污染源分散和垃圾渗滤液量小的地区，更易采用成本低和操作简单的处理系统，因而污泥产量低、耗能小和维护运行简便的新型处理系统将具有广泛的应用前景。

膜技术能够有效地截留各种污染物，获得纯度较高的出水，在国外得到广泛的应用，其中反渗透技术（RO）的应用最广，但是膜组件的成本较高，新型低成本膜的开发与应用将带来水污染处理领域的全新革命；膜污染的物理清洗仅能恢复膜通量70%，而化学清洗能恢复膜通量90%以上，但是化学清洗耗能高，且易造成二次污染，而生物清洗技术利用微生物自身的生物代谢机理实现膜的清洗，可以解决膜清洗困难和二次污染的难题。

第2章 垃圾渗滤液性质及影响因素

因卫生填埋是目前在城市生活垃圾处理投资和运行费用上比其他方法（如焚烧、堆肥等）更经济的一种处理方法，所以卫生填埋是我国城市垃圾处理的主要方式。例如，在北京的无害化垃圾处理设施中填埋占到了 91%。但在卫生填埋过程中会产生威胁周围水源和公众健康的垃圾渗滤液。有研究表明，至 1997 年为止，美国共有 18500 座垃圾填埋场，几乎有一半填埋场对水体产生了不同程度的污染。而据 2010 年度调查报告显示：我国城市垃圾填埋场所排放的垃圾渗滤液产生化学需氧量 32.46×10^4t，氨氮 3.22×10^4t。因此，在污水处理和垃圾填埋处理领域中垃圾渗滤液已被认为是一种急需处理的高浓度有机污水，也是目前该领域的研究热点问题之一。

2.1 垃圾渗滤液的产生

垃圾渗滤液主要是在垃圾卫生填埋以后，由于降雨的淋溶作用、垃圾自身产生的水分等经过垃圾层和覆土层之后形成的高浓度有机污水。垃圾渗滤液来源具体包括以下几种。

（1）降水的渗入

包括降雨和降雪，它是渗滤液产生的主要来源，具有短时性、集中性和反复性，是工程设计的主要依据。垃圾填埋场中的降水一部分以地表径流的形式流失，另一部分通过渗透就会进入填埋场表层，这部分水量中除直接蒸发或通过表层植被蒸发外，其余留在覆土层中；当覆土层中的水达到饱和以后会直接进入填埋场，与垃圾进行质能交换，从而渗透到填埋场底部后形成垃圾渗滤液。

(2) 外部地表水的流入

包括地表径流和地表灌溉。

(3) 地下潜水的反渗

当填埋场内渗滤液水位低于场外地下水水位时，如果在设计施工中没有采取防渗措施，地下水就有可能渗入填埋场内。垃圾渗滤液的产生量将会受地下水的影响。

(4) 垃圾自身水分

这包括垃圾本身携带的水分以及从大气和雨水中吸附的量。

(5) 垃圾降解过程中产生的水分

垃圾中的有机组分在填埋场内分解时会产生水分。其产生量与垃圾的组成、pH 值、温度和菌种有关。

从形成过程可以知道，垃圾渗滤液中的污染物来源主要包括以下 3 个方面。

① 垃圾自身会含有大量的可溶性有机物与无机物，经水冲刷后会进入垃圾渗滤液中。

② 垃圾在后期的填埋中通过物理、化学、生物等作用产生的可溶性污染物。

③ 由于垃圾填埋场内的覆土与周围土壤的成分极其复杂，经降水冲刷后其中有些污染物会进入渗滤液中。

2.2 垃圾渗滤液的水质特点

垃圾渗滤液是一种呈淡茶色、深褐色或黑色并伴有腐臭味的液体，其中含有大量的有机物、氨氮、寄生虫、有毒有害物及重金属等，其成分非常复杂且水质水量变化大，如表 2-1 所列。

表 2-1　垃圾渗滤液典型水质指标　　　单位：mg/L

成分	COD_{Cr}	pH 值	BOD_5	NH_4^+-N	TOC	有机氮	有机磷
范围	100～62400	5.8～7.5	2～38000	5～3000	20～19000	0～770	0.02～3

目前，我国共建有大大小小的卫生填埋场上千座，而且陆续还在不断地建设中。而卫生填埋之后产生大量的垃圾渗滤液，如不加以妥善处理，必将对地下水、地表水及公众健康造成严重威胁。垃圾渗滤液污染控制的一个重要内容就是对渗滤液水质特征进行分析、研究，这也是合理选择垃圾渗滤液处理工艺流程的前提。垃圾渗滤液中各种污染物的情况如下。

2.2.1　有机物

垃圾渗滤液中的有机物浓度较大，其主要来自于垃圾本身的可溶解性有机物和经微生物分解后的小分子有机物。由于垃圾渗滤液中组分复杂、种类繁多，但是每种有机化合物的含量又不高，所以在描述渗滤液中有机污染物含量时通常采用 BOD_5、COD 等综合指标进行表征。因垃圾的组分和降解程度不同，垃圾渗滤液的有机污染物的浓度变化范围很大，其 COD_{Cr} 浓度可从每升几百毫克到上万毫克，最高可达 80000mg/L，BOD_5 最高达 35000mg/L，是城市污水有机物浓度的几百倍。

总体来看，有机污染物基本可以分为以下 3 类：

① 小分子的醇和有机酸；

② 中等分子的灰磺酸类物质；

③ 高分子的腐殖质。

有检测发现，垃圾渗滤液中绝大多数有机物是呈现可溶性的，悬浮物所贡献的COD较低。有研究显示，其中的有机物多为烯烃类、芳烃、烷烃、酸类、醇、酚类、酮醛类及酰胺类等，而且有些已被确认为可疑致癌物、促癌物和辅助致癌物。有研究表明，垃圾渗滤液含有77种有机物，其中可疑致癌物质一种、辅助致癌物质5种，其中被列入我国环境优先控制污染物“黑名单”的有5种以上。

早期垃圾渗滤液有机物浓度高，BOD_5 与 COD_{Cr} 比值约为0.4～0.6，低分子脂肪酸多，采用生化处理工艺可以取得比较好的处理效果。随着填埋龄的增加，晚期垃圾渗滤液有机物浓度降低，腐殖质增加，NH_4^+-N浓度增大，BOD_5 与 COD_{Cr} 之比降至0.2以下，可生化性降低，采用生化处理工艺去除效果常常不理想。在生化处理时会产生大量生物泡沫，对处理系统正常运行产生一定影响。由于垃圾渗滤液中含有一些很难被生物降解的有机物，因此，经生化处理后 COD_{Cr} 浓度通常仍在500～2000mg/L范围内，也就是说采用生物方法很难将 COD_{Cr} 浓度降到国家最新排放标准规定的100mg/L以内。因此，垃圾渗滤液相比于生活污水处理难度很大。垃圾渗滤液中的高浓度有机物主要是挥发性脂肪酸，例如乙酸、丙酸和丁酸等，一般是由脂肪酸、蛋白质和碳水化合物分解产生的。相比于挥发性脂肪酸，芳香烃的含量浓度较低，这其中包括苯、甲苯、二甲苯等汽油或燃油的组成成分。渗滤液中还有可能含有酯类、醚类、酮类、甲基磷酸盐、苯磺酸盐、农药和二噁英等微量有机物，这些有机物的含量较低，一般会在纳克与微克数量级之间，其种类和含量与垃圾成分、填埋时间有着直接联系，对环境的影响微乎其微。有研究表明填埋场中有机物的降解速率由大到小基本是：挥发性脂肪酸、低分子醛、氨基、碳水化合物、肽、酸、酚类化合物、富里酸。

2.2.2 氨氮

氨氮是垃圾渗滤液中一种主要的还原剂，而且是地表水体中一种重要的营养物质，氨氮在水体中会参加一系列复杂的氧化还原反应。垃圾渗滤液中的氨氮含量主要来自填埋垃圾（特别是大量的餐厨垃圾）中的蛋白质等含氮物质。垃圾渗滤液中的氨氮浓度很高，且在一定时期随填埋时间的延长而有所提高，主要是有机氮转化为氨氮导致。早期垃圾渗滤液氨氮浓度通常在1500～2000mg/L以内，而晚期垃圾渗滤液氨氮浓度则更高，通常在2000～10000mg/L左右。晚期垃圾渗滤液中很高的氨氮浓度是其重要水质特征，也是导致其处理难度增大的重要原因。目前填埋场大多采用厌氧填埋，因此在填埋场进入产甲烷阶段后NH_4^+-N浓度不断上升，达到高峰值后仍持续很长的时间，甚至封场后仍达到相当高的浓度（10000mg/L）。

较高的氨氮浓度会抑制微生物的生长繁殖，再加上垃圾经历了好氧降解阶段、兼性厌氧降解初期和完全厌氧降解初期后，积累了大量不利于微生物生长的代谢产物，所以微生物对于剩余垃圾的降解会更加缓慢。垃圾好氧降解阶段、兼性厌氧降解初期和完全厌氧降解初期，垃圾渗滤液中的氮类污染物主要是以氨氮、亚硝态氮、硝态氮和多种有机氮的形式存在，各种形式的氮元素可以在微生物的作用下相互转化，氨氮浓度很高且变化较大。而在垃圾完全厌氧降解的后期，渗滤液中主要是以氨氮的形式存在。吴莉娜等对北京市六里屯垃圾填埋场渗滤液进行了为期1460d的研究表明：渗滤液NH_4^+-N浓度可由最初的不到1000mg/L增加至3000mg/L以上。垃圾渗滤液中氨氮通常占总氮的85%～90%，因此进水氨氮浓度过高，直接影响到进水总氮浓度，从而易使出水总氮浓度不达标。垃圾渗滤液中高浓度的NH_4^+-N及其随时间的变化，不仅加重了其对受纳水体的污染程度，也给其处理工艺的选择带来了困难，增加了复杂性。就晚期垃圾渗滤液而言，其NH_4^+-N浓度高，而COD_{Cr}浓度却比早期垃圾渗滤液低很多，使得渗滤液的C/N很低，然而，过低的C/N会对常规的生物处理产生抑制。况且因为缺乏有机碳源，晚期垃圾渗滤液也很难进行彻底的反硝化脱氮。

2.2.3 营养元素

垃圾渗滤液中的磷含量一般较低，特别是调节池的出水，其磷含量与市政污水基本相当，因此一般垃圾渗滤液中 BOD_5/TP 值都会大于300，从而会导致与微生物生长所需的磷元素相差过大，特别是可供微生物利用的溶解性磷酸盐的浓度更低。垃圾渗滤液中 C∶N∶P 比例严重失调，其中的氨氮含量偏高，而 C、P 含量较低。由于微生物的生长过程中对 C、N、P 的需求成比例关系，所以对氨氮的需求量相对较少，由此在降解的过程中会呈现出垃圾渗滤液中氨氮浓度随时间的衰减会比 COD、BOD 的衰减慢得多。实验证明垃圾渗滤液中高浓度的氨氮会降低脱氢酶的活性，同时渗滤液中高浓度的氨氮使其在生物脱氮反硝化过程中碳源严重不足，而且缺乏磷元素也不利于微生物的生长。垃圾渗滤液中的 Ca^{2+} 浓度和总碱度很高，磷浓度受到其影响，从而导致总磷浓度偏低。吴莉娜等以北京市六里屯垃圾渗滤液为研究对象的研究表明，垃圾渗滤液的磷浓度在 3～15mg/L 左右，BOD_5/TP 值大于 300，而微生物生长所需要的碳磷比为 100∶1，因此采用生物处理工艺时有可能产生生物处理中的缺磷问题。另外，垃圾渗滤液中的氮主要以氨氮、硝酸盐氮、亚硝酸盐氮以及各种有机氮的形式存在，各种形式的氮可以在微生物的作用下进行互相转化，其中氨氮的浓度最高而且变化较大。垃圾渗滤液中高浓度的氨氮会降低脱氢酶的活性，抑制微生物的活性，从而无法达到深度除碳脱氮。

2.2.4 重金属离子

渗滤液中含有多种重金属离子，如 Cu、Pb、Cd、Cr、Zn、Fe、Hg、Mn、As 等。有研究表明，在填埋初期铁和锌含量较高，铁的浓度可达 200mg/L 左右，锌的浓度可达 130mg/L 左右。相比于其他污染物，一般来说垃圾渗滤液中的重金属离子含量不高，其主要原因是生活垃圾中的微量重金属溶出率很低，在中性水溶液中为0.05%～1.80%，微酸性溶液中为0.5%～5.0%。总体来看，被垃圾渗滤液带出的重金属离子约占垃圾中重金属离子的0.5%～6.5%，这足以说明垃圾中的微量重金属也只有很少的一部分进入了垃圾渗滤液。但是，建筑垃圾填埋场的垃圾渗滤液比市政垃圾填埋场的垃圾渗滤液重金属离子含量高，因此需要对建筑垃圾的渗滤液进行特殊处理，甚至还应设立更高的设计标准。我国对垃圾渗滤液中重金属离子的专项研究很少，少量的文献数据差别也很大，这与垃圾的收集填埋不规范，垃圾中含有不同的工业废物等因素有关。

我国垃圾渗滤液中的重金属含量如表 2-2 所列，国外垃圾渗滤液中重金属的种类及含量如表 2-3 所列。

表 2-2　我国城市垃圾渗滤液中的重金属

重金属	浓度/(μg/L)	重金属	浓度/(μg/L)
As	0～92	Ni	260～1000
Fe	$1330 \sim 3.02 \times 10^5$	Pb	100～200
Zn	75～1060	Cr	60～990
Cd	1～100	Cu	10～1100

表 2-3　国外城市垃圾渗滤液中的重金属

重金属	浓度/(μg/L)	重金属	浓度/(μg/L)
As	5～1600	Co	4～950
Fe	$400 \sim 2.2 \times 10^6$	Ni	20～2050
Zn	$27 \sim 1.7 \times 10^5$	Pb	5～1020
Mn	$400 \sim 5.0 \times 10^4$	Cr	13～1600
Cd	0.5～140	Cu	2～1400
Hg	0.2～50		

由于重金属离子容易与大分子有机物、无机离子等以离子交换、结合（螯合）、沉淀、吸附等作用结合，因此其存在的化学形态相当复杂，可以简单地划分为有机络合物态、无机络合物态和游离态。络合态是垃圾渗滤液中重金属离子存在的主要形态，以游离态存在的重金属离子一

般不会超过总含量的30%，通常都会小于15%。这些重金属离子对环境的污染程度大且难以降解，高浓度的重金属离子可以使微生物酶失去活性，使微生物的代谢活性下降甚至完全消失，对微生物会产生严重的抑制作用。因此当垃圾渗滤液中重金属离子浓度很高时，在生物处理前需增设预处理工艺去除这部分重金属，以减轻对后续生物处理工艺的毒害作用。另外，根据检测可知，建筑垃圾填埋场的重金属含量要比城市生活垃圾填埋场高得多，因此需要对建筑垃圾进行单独处理，甚至还应该采取更高的设计标准。垃圾渗滤液的重金属含量虽然不高，但是总量较高，而且很多重金属的含量是远高于周围地表水体的，重金属易与胶体组成絮凝团，即使在高pH值下的混凝处理也不容易有效去除，所以重金属的去除应该作为垃圾渗滤液处理的一项内容并加以重视。

2.2.5 微生物

垃圾填埋场条件适宜微生物生长繁殖，因此在填埋垃圾的过程中不同种类的微生物大量生长繁殖。垃圾渗滤液所含的微生物种类与填埋场垃圾中的微生物种类基本相同，主要有产甲烷菌、亚硝化细菌、硝化细菌、反硝化细菌和硫酸盐还原菌等7类细菌及一些病原菌和致病微生物，如沙门菌属等。随着渗滤液的渗出时间和填埋时间的增加，微生物的死亡率增加，这主要是由于填埋场和渗滤液中的某些物质具有一定的杀菌作用。垃圾在好氧降解过程中，垃圾填埋堆中的温度相对较高，遏制了微生物的生长与生存；与此相同，在垃圾渗滤液pH值较低时微生物会更容易失去活性；若温度与pH值同时发挥作用，那会极大地加速微生物的失活。

2.2.6 毒性

大量的研究表明，垃圾渗滤液中含有较多的氨氮、有机物、重金属离子和有毒有害物质等污染物，对环境和人类的健康带来了巨大的威胁。因为垃圾渗滤液中所含污染物众多，所以垃圾渗滤液对环境的影响也是各种污染物间共同作用的结果，若只用其中的一个或几个指标来描述渗滤液对环境的影响，那往往是不全面也是不准确的，应从总体上来考虑垃圾渗滤液所带来的毒性。

垃圾渗滤液的毒性来源于其自身所含有的污染物，研究表明，氯离子、氨氮、重金属和钙镁离子等的含量与垃圾渗滤液的致死毒性有一定的关联性。酸性条件下的 S^{2-} 和重金属离子对水中的动植物毒害性更大，垃圾渗滤液中的悬浮物也会增加其毒性，但是温度对垃圾渗滤液的毒性影响不大。对原生动物、细菌、藻类和无脊椎动物等的生物毒性研究表明，生活垃圾所产生的垃圾渗滤液毒害很大，而且垃圾渗滤液中的一些高浓度理化指标，例如氨氮、碱度、电导率和 COD 等都会增加垃圾渗滤液的毒性。有研究者对垃圾渗滤液进行生物毒性分析、化学分析以及致癌性分析后，认为生活垃圾填埋所产生的垃圾渗滤液的毒性与生活垃圾和危险废物共同填埋所产生的垃圾渗滤液毒性是一样的，可能是由于生活垃圾填埋场渗滤液中同样含有在危险废物填埋场中出现的有害物质。垃圾渗滤液的毒性不仅对地表水会产生威胁，对地下水的污染也是不可避免的，地下水中的毒性主要是由高浓度的有机物所导致的，随着与填埋场距离的增加，垃圾渗滤液渗出所导致的有机物污染通过新陈代谢和稀释等作用，其毒性逐渐减少。

2.3 垃圾渗滤液的影响因素

2.3.1 垃圾渗滤液产量影响因素

垃圾渗滤液的产量根据时间的不同变化很大，对于渗滤液产量的预测极其困难，但是对于垃圾渗滤液产量的预测是垃圾填埋场处理设施设计的前提条件，较为准确地预测垃圾渗滤液的产量是建设垃圾渗滤液处理设施的有效保障。垃圾渗滤液的产量与填埋场所填埋垃圾本身的水分饱和度具有密切关系，例如土壤，只有在水分饱和度达到50%时才会产生渗透液，而当饱和度达到80%时流量就会迅速增加，这时比较接近完全饱和的流量。然而对于垃圾渗滤液来说，具体的定量关系现在还不得而知。总体来看，影响垃圾渗滤液产量的因素主要有填埋场降雨量、地形条件、地下水渗入量、垃圾成分、气候条件和填埋技术等几方面。其中填埋场的降雨量往往是垃圾渗滤液产量的决定性因素，其变化规律具有明显的季节性和地域性。要根据各个方面的因素对垃圾渗滤液的产量作出准确预测，这里对垃圾渗滤液产量的影响因素分别作出介绍。

(1) 填埋场降雨量的影响

一般来说，夏季的降雨量大，垃圾渗滤液的产量也会是全年产量的一个顶峰，但是每年夏季的降雨量并不是完全一样的，所以夏季垃圾渗滤液的产量年际变化较大；而对于旱季，每年垃圾渗滤液的产量应该是相似的。当然不仅仅是降雨量，降雨强度、降雨频率、降雪雪堆特点和场地条件等因素都会对垃圾渗滤液的产量产生影响。各方面要具体问题具体分析，根据填埋场当地的降水情况与地形情况作出较为准确的判断。

(2) 填埋产构造影响

填埋场的构造也是影响垃圾渗滤液产量的一个关键因素，特别是在建造填埋场时是否采用了防渗材料。假如一个填埋场没有进行防渗衬垫的铺设，或者是填埋场建在了当地地下水水位以下，那么地下水的入渗将会是垃圾渗滤液水量的一个主要来源，这样既存在着污染地下水的风险，还增加了垃圾渗滤液的处理量，是一个得不偿失的选择。另外，垃圾填埋场是否实现了高质量的覆盖材料，对于控制地表水的流入起着至关重要的作用，尽可能减少地下水与地表水流入才是建造填埋场的明智之举。如果一个填埋场严格按照卫生填埋场的标准设计建设，则一定可以尽可能地减少这方面因素对垃圾渗滤液产量的影响。

（3）地表径流的影响

一个填埋场的地表径流包括入流和出流两个方面：入流是指自填埋场的上游方向流入填埋场的流水，也称为区域地表径流；出流是指从填埋场里产生后又从填埋场流出的地表水，这个称为填埋场地表径流。

（4）覆土层和垃圾贮水量影响

垃圾填埋场的覆土层与垃圾的贮水量对于垃圾渗滤液的产量也具有非常大的影响。覆土层中的水分达不到其持水量时，一般水分会在覆土层中滞留或流出，只有极少的一部分会下渗到垃圾层中。但在降水时，若超过了覆土层的持水量，那么超过的部分一般会下排成为填埋场的垃圾渗滤液，并且由于蒸发蒸腾作用，含水率还会进一步降低。垃圾中的水分主要以两种形式存在：一种是存在于微观结构中的毛细水；另一种是存在于垃圾颗粒间隙的游离水。垃圾的孔隙率一般在20%～30%之间，垃圾的持水量一般与垃圾组成、颗粒大小及压实密度有关，而且会随着垃圾的堆积密度的增加而增大，随着垃圾颗粒粒径的减小而明显增加。研究表明，垃圾的原始体积含水率一般为10%～20%，其表观持水量范围为10%～15%。一般垃圾填埋场的密度为0.7～0.8t/m^3，则每立方米垃圾的持水量为0.1～0.2m^3。但是如果垃圾的压实密度高，那么垃圾的持水量会大大下降，当密度大于1.0t/m^3时其持水量大概只有0.02m^3。

（5）蒸发量

垃圾填埋场覆土层和垃圾中的水分会随着地表蒸发和植物蒸腾的作用直接进入大气，其蒸发量主要取决于两方面因素：一是受气候因素的影响，例如温度、湿度、风速、辐射等；二是受土壤含水量、植物分布状况的影响。由于植物的蒸腾作用，通常情况下有植被的地表比裸露的地表蒸发量大，水分会通过植物的根系被吸收从而输送到植物的叶面被蒸腾，植物的蒸腾作用要比土壤的蒸发作用明显得多。

（6）其他因素影响

垃圾中的有机物质在填埋过程中会发生厌氧发酵作用，这一过程会消耗部分水分，从而对垃圾渗滤液的产量产生影响。由于垃圾中的含水量较大，所以填埋场的空气中水蒸气的含量一般处于饱和状态，而空气中的水蒸气所消耗的水分会对垃圾渗滤液的含量产生重要影响。

2.3.2 垃圾渗滤液性质影响因素

垃圾渗滤液的水质与填埋场的气候、填埋深度、供水状况、氧气含量、垃圾填埋方式、填埋时间、预处理手段和垃圾的组成成分等有关。这些因素主要是对填埋层中微生物的活性产生影响，从而会影响垃圾渗滤液的水质状况。

(1) 气候

填埋场中的水质状况与当地的气候条件有很大的关系，当然其主要因素是降雨量和气温。其中雨水会促使垃圾中的污染物迁移，同时还会为厌氧分解提供水分；气温会对微生物的活性产生重要的影响。一般来说，冬季低温少雨，这时的垃圾渗滤液产量小，污染物浓度高；夏季高温多雨，这时的垃圾渗滤液产量大，污染物浓度低。所以在设计垃圾渗滤液处理设施时要充分考虑到这两种情况，这样可以有效保证垃圾渗滤液的处理效果。另外，除了降水量与气温的影响，垃圾渗滤液的水质还与气候的其他因素有关，主要是当地的气候条件的特殊性，在设计渗滤液处理设备时，为保证处理效果，有必要对水文等因素做细致分析。气温是一个无法控制的因素，这会对垃圾渗滤液的温度造成显著影响，从而会影响填埋场中微生物的生长状况和其发生的化学反应。众所周知，每种微生物都有其最适生长温度，当温度过高时会影响微生物的存活，当温度过低时微生物的生长也会受到抑制，这主要在于微生物中的酶失去活性和细胞壁的裂解。有研究发现，当垃圾渗滤液的温度在40℃时其降解速率是最快的，这时的产沼气量也达到了一个峰值，当温度高于或低于此温度时其降解速率都会变慢。特别是温度达到70℃或者是低于−5℃时，微生物的分解作用几乎停止。

(2) 填埋深度

一座填埋场内，若填埋场各处的降雨量与地形条件相似，且垃圾透水性能也大致相当时，垃圾渗滤液位于填埋场的深度越深其中的污染物组分浓度就越高。这是因为外部水分以及垃圾中的水分会在垃圾的空隙之间向下流动，在这个过程中会将垃圾中的污染物质冲刷带走，填埋的深度越深，水分与垃圾接触的可能性就越大，接触时间也会更长，从而会导致污染物的不断累积，垃圾渗滤液的污染物浓度也就会越高。相同的填埋深度下，若是垃圾的透水性能不太好，那么其接触作用时间会更长，此时透水性能不好的位置的渗滤液相比于透水性能好的位置会有更大的污染物浓度。

（3）供水状况

填埋场的供水状况与垃圾含水率有着直接的联系，当供水量极其小时垃圾的含水率很低，此时垃圾的降解速率会大大减慢；相反当供水量很大时渗滤液就会被稀释，相应的污染物浓度便会降低。垃圾的含水率是决定渗滤液性质与填埋场稳定化的一个十分重要的因素。由经验可知，单位干重的垃圾产生的垃圾渗滤液水量越大，往往其垃圾渗滤液的污染物浓度就越低；与此相反，若单位干重的垃圾产生的渗滤液越少，一般垃圾渗滤液的浓度就会越高。但是，最近也有研究显示，填埋场稳定化过程最重要的因素不是垃圾的含水率，而是垃圾中水分的运动过程。垃圾中的水分是水解反应的反应物，其为填埋场中微生物的生理活动运输营养物质，控制着微生物细胞的膨胀过程。一般较高的水流速度会将填埋场中的微生物及污染物冲刷出去，微生物的生长活动在填埋场中进程缓慢甚至停滞，此时微生物对渗滤液的水质状况影响较小。而当水流速度较大时，垃圾中的污染物会通过冲刷作用被去除；流速较低时，厌氧生物往往会发挥作用，从而决定着垃圾渗滤液中的有机污染物的浓度。水分含量较低的填埋场，其稳定化进程较慢，这是由于在填埋场内只有很少一部分的水分供微生物使用，微生物的降解速率极其缓慢。所以根据研究结果，填埋场的水分最好不低于25%，最佳范围应该是40%～70%。

（4）氧气含量

填埋场中根据其深度不同，氧气含量是不同的，深度越深往往氧气含量越低。另外，氧气含量还与填埋时间有关，当垃圾刚填埋时场内的氧气含量丰富，此时有足够的氧气可以利用，随着时间的推移，氧气含量逐渐降低。根据氧气含量的不同，微生物的作用方式也存在差异，当氧气含量较高时微生物通常以好氧反应为主，此时微生物将有机物分解成二氧化碳和水，还有经过部分降解的有机物，在这一过程中还会放出大量热量。随着时间的逐渐推移和深度的加深，微生物会由好氧分解逐渐变为厌氧分解，在此过程中会产生高浓度的氨、氢气、二氧化碳、有机酸、甲烷和水。由于好氧分解速率要高于厌氧分解，所以氧的含量越高，垃圾的降解速率就会越快，相应的渗滤液中的污染物也会越低。但要是人为加装一些通风设施，则其造价过高，是得不偿失的一种行为。

（5）垃圾填埋方式

一般常用的填埋方式共有两种：一是与活性污泥共同填埋；二是与焚烧的灰分共同填埋。不同的填埋方式会对垃圾填埋场的稳定化进程产生比较重要的影响，同时对垃圾渗滤液的水质也会产生影响。

垃圾与污水处理过程中的活性污泥共同填埋时，活性污泥会为填埋场带来大量的水分、微生物和营养物，从而对垃圾渗滤液的形成过程有加快作用，共同填埋后产生的垃圾渗滤液其 pH 值较低，BOD_5 浓度较高，提高了填埋场的稳定化速度；而且根据研究表明，加入干污泥的处理效果会比湿污泥好得多。

与焚烧灰分共同填埋的垃圾其降解效果相比于与污泥共同填埋就弱了很多。经研究发现，与焚烧灰分共同填埋时，其产生的垃圾渗滤液跟单独填埋生活垃圾产生的渗滤液性质基本相同，填入的灰分只是增加了填埋场中的无机物成分，由于会产生大量的甲酸和乙酸，所以其产生的垃圾渗滤液 pH 值更低，金属的流动性增加，从而与硫化物会形成难溶解的金属硫化物。例如，可产生较多的硫化铅和硫化镉颗粒，但是与灰分共同填埋可以降低渗滤液中的有毒有害物质。

（6）填埋时间

由于微生物的作用以及垃圾渗滤液中成分的转化，不同时期的垃圾渗滤液其成分也会有较大的区别。根据垃圾填埋场的场龄不同，垃圾渗滤液可以分为早期垃圾渗滤液（填埋场场龄 5 年以内）、中期垃圾渗滤液（填埋场场龄 5～10 年）、晚期垃圾渗滤液（填埋场场龄 10 年以上）。早期渗滤液的有机物含量高，可生化性强，氨氮浓度相对较低；晚期渗滤液有机物含量相对于早期渗滤液较低，但氨氮含量高，可生化性变差，且污染物浓度会基本保持不变。随着填埋时间的推移，有机物的降解速率是要高于无机物的，因为一般无机物是通过雨水冲刷来去除的，而有机物是通过生物降解和雨水冲刷两种方式来去除的。而且随着填埋时间的增加，部分挥发性脂肪酸浓度降低，垃圾渗滤液的 pH 值上升，最后一般会稳定在 8.5 左右。

具体各时期的渗滤液成分分析如表 2-4 所列。

表 2-4 不同时期渗滤液成分对比

项目	早期垃圾渗滤液（<5 年）	中期垃圾渗滤液（5～10 年）	晚期垃圾渗滤液（>10 年）
pH 值	6.5～7.5	7.0～8.0	7.5～8.5
COD/(g/L)	10～30	3～10	<3
BOD/COD 值	0.5～0.7	0.3～0.5	<0.3
NH_4^+-N/(mg/L)	500～1000	800～2000	1000～3000
C/N 值	5～10	3～4	<3

（7）预处理手段

垃圾在填埋前的预处理手段对于渗滤液的性质也会产生一定程度的影响。垃圾经过破碎后填埋就会比没有破碎时产生的垃圾渗滤液污染物浓度要小。这是由于破碎处理增加了垃圾的有效表面积，提高了填埋垃圾的密度，从而减少了水在垃圾中的流动性，增大了垃圾的持水能力，延长了垃圾与水的作用时间，提高了微生物的降解能力，加速了垃圾的降解。在填埋场初期，破碎垃圾的填埋会使垃圾渗滤液污染物浓度较大，但随着时间的推移污染物浓度会逐渐变小。这是由于破碎后的垃圾与水的接触面积变大，加速了细菌胞外酶对垃圾中大分子有机物的降解，从而使得这些固体有机物更快地扩散到液相中，污染物质从垃圾中转移到垃圾渗滤液中，导致渗滤液中污染物浓度较高。虽然垃圾在破损后填埋会增大垃圾渗滤液的污染物浓度，但是对于填埋垃圾来说会增加其污染物去除率和垃圾分解程度。

另外，在垃圾填埋时还经常会对垃圾进行压实处理，此时垃圾往往需要更多时间才能达到稳定的状态。这有两方面的影响因素：一是减少了垃圾中的氧气含量，从而减少了好氧阶段的降解过程，这不利于垃圾的快速降解；二是若垃圾中的含水率可观时，压实处理会降低垃圾中的含水率，减少水分在垃圾中的流动时间，改变了单位垃圾的水分含量，不利于垃圾的降解，还会增加垃圾渗滤液的总产量。但是若垃圾本身的含水率较低时，垃圾的压实处理反而会增加其含水率，单位垃圾的水分含量有所上升，这有利于垃圾中的微生物得到水分，增强了微生物的降解能力，有利于垃圾的降解。所以，是否在垃圾填埋时采取压实处理要具体问题具体分析，根据垃圾的含水量来决定具体的工艺过程，从而实现最快的垃圾降解速率和填埋场的稳定化。

(8) 垃圾的组成成分

不同地区、不同季节、不同行业的垃圾其组成成分会有比较大的变化，这也决定了填埋场中各种微生物的活动状况。垃圾渗滤液中有大量的有机物，这主要来自于餐余垃圾、动植物遗骸、各种排泄物和药物残留等。而无机物成分主要来自于建筑垃圾、焚烧后的灰分等。好的垃圾分类习惯会使垃圾处理过程简单许多，但是目前我国的垃圾分类还处于起步阶段，这就使得现在的垃圾处理变得困难许多，垃圾中复杂的污染物和多变的组成成分是垃圾处理的难点。根据检测，垃圾渗滤液中含有的多种污染物大部分应该是来自于垃圾本身，还有一部分是微生物在降解过程中或者是在水解过程中的产物。根据垃圾组成成分的特点，选择出最适合的垃圾和渗滤液的处理方式，既要有高效的处理效果还要尽可能做到经济。

第3章 垃圾渗滤液污染控制技术

垃圾填埋场渗滤液的处理技术既有普通废水处理技术的共性，也有其很突出的特殊性。纵观国内外垃圾渗滤液处理的现状，目前对垃圾渗滤液的处理方式主要有两大类：一是将其经过预处理后或直接排入城市污水处理厂进行综合处理，即场外综合处理，其优点是利用大量的城市生活废水来稀释垃圾渗滤液，降低处理难度，但会冲击城市污水厂出水水质的稳定性；二是将其进行完全的单独处理，即场内综合处理，优点是不需要远距离输送或基建修造管网，处理更安全高效。

主要处理工艺有生物处理法、物化法、土地法及多种方法的综合循环。

3.1 生物处理技术

生物处理一般分为好氧生物处理、厌氧生物处理和厌氧-好氧结合处理。对COD浓度在50000mg/L以上的高浓度垃圾渗滤液许多学者建议采用厌氧方法进行前段处理，然后采用好氧或其他后续处理方法；对COD浓度在5000mg/L以下的垃圾渗滤液建议采用好氧生物处理方法；COD在5000～50000mg/L之间的垃圾渗滤液可以根据实际情况选择好氧或厌氧处理。

垃圾填埋场环境复杂，其中不乏各类高污染有害物，威胁着周边的水生生态系统，尤其是地下水。为了解决安全排放问题，各地区制定的排污标准不断提高。在对垃圾渗滤液进行处理时，要想达到如此严格的标准，那么就要保证处理工艺的合理性、稳定性和科学性。对生物处理法而言，它具有经济性、可靠性、简易性等特点，为此，生物处理法常作为垃圾渗滤液处理过程中的主体工艺。在衡量水质的可生化性时，可通过对 BOD/COD 值的变化来判断，如果该值小于 0.3，需要配合适宜的预处理法，待其大于 0.3 后才能使用生物法进行处理；当 BOD/COD 大于 0.3，可以直接使用生物处理法，此法包括厌氧、好氧生物处理，或两种处理法相结合。

3.1.1 厌氧生物处理

厌氧生物处理的有目的运用已有近百年的历史。但直到近 20 年来，随着微生物学、生物化学等学科发展和工程实践的积累，不断开发出新的厌氧处理工艺，克服了传统工艺的水力停留时间长、有机负荷低等特点，使它在理论和实践上有了很大进步，在处理高浓度（$BOD_5 \geqslant$ 2000mg/L）有机废水方面取得了良好效果。

厌氧生物处理有许多优点，最主要的是能耗少，操作简单，因此投资及运行费用低廉，而且由于产生的剩余污泥量少，所需的营养物质也少，如其 BOD_5/P 只需为 4000∶1，虽然渗滤液中 P 的含量通常少于 10mg/L，但并没有对处理效果产生大的影响。用普通的厌氧硝化，35℃、负荷为 1kg COD/(m^3·d)、停留时间 10d，渗滤液中 COD 去除率可达 90%。

利用此法处理的渗滤液有机污染物浓度较高时能够获得较好的效果，具有成本低、能耗低和运营简单的优势。主要的厌氧处理法有厌氧生物滤池、上流式厌氧污泥床（UASB）、厌氧序批式反应器（ASBR）和复合式厌氧反应器。

3.1.1.1　厌氧生物滤池

厌氧生物滤池内部填充固体填料，如炉渣、瓷环、塑料等，厌氧微生物一部分附着生长在填料上，形成厌氧生物膜，另一部分在填料空隙间处于悬浮状态。

厌氧滤池的优点如下。

① 生物固体浓度高，可以承担较高的有机负荷。

② 生物固体停留时间长，抗冲击负荷能力较强。

③ 启动时间短，停止运行后再启动比较容易。

④ 不需污泥回流。

⑤ 运行管理方便。

厌氧生物滤池的缺点是在污水悬浮物较多时容易发生堵塞和短路。

厌氧生物滤池可采用中温（30～35℃）、高温（50～55℃）或常温（8～30℃）运行，适用于溶解性有机物浓度较高的污水，适用COD浓度范围为1000～20000mg/L。为了避免堵塞，可回流部分处理水以对进水进行稀释和加大水力负荷。

厌氧生物滤池按水流的方向可分为升流式厌氧滤池和降流式厌氧滤池。污水向上流动通过反应器的为升流式厌氧滤池，反之为降流式厌氧滤池。如果将升流式厌氧生物滤池的填料床改成两层，下半部不用填料使之成为悬浮污泥层，上半部仍用填料床，则成为复合式厌氧生物滤池，其可有效避免堵塞并提高处理效率。降流式厌氧生物滤池由于水流向下流动、沼气上升以及填料空隙间悬浮污泥的存在，混合情况良好，属于完全混合工艺；而升流式则属于推流式工艺。

厌氧生物滤池主要包括布水系统、填料（反应区）、沼气收集系统、出水管。此外，有的还具有回流系统。填料是厌氧生物滤池的主体，主要作用是提供微生物附着生长的表面及悬浮生长的空间。理想的填料应具备下列特性：

① 比表面积大，以利于增加厌氧生物滤池中生物固体的总量；

② 空隙率高，以截流并保持大量悬浮生长的微生物，并防止厌氧

生物滤池被堵塞；

③ 表面粗糙，利于生物膜附着生长；

④ 具有足够的机械强度，不易破损或流失；

⑤ 化学和生物学稳定性好，不易受废水中化学物质和微生物的侵蚀，也无有害物质溶出，使用寿命较长；

⑥ 质轻，使厌氧生物滤池的结构荷载较小；

⑦ 价廉易得，以降低厌氧生物滤池的基建投资。

厌氧生物滤池（AF）由下而上进水，剩余污泥量得到降低，能够抵挡一定的冲击。加拿大学者研究发现，在去除垃圾渗滤液时使用AF的方法可使COD的去除效率达到91%，但是随着负荷的增加，COD的去除率会骤减。

3.1.1.2 上流式厌氧污泥床（UASB）

UASB反应器中的厌氧反应过程与其他厌氧生物处理工艺一样，包括水解、酸化、产乙酸和产甲烷等。通过不同的微生物参与底物的转化过程而将底物转化为最终产物——沼气、水等无机物。

在厌氧消化反应过程中参与反应的厌氧微生物主要有以下几种：

① 水解-发酵（酸化）细菌，它们将复杂结构的底物水解发酵成各种有机酸、乙醇、糖类、氢和二氧化碳；

② 乙酸化细菌，它们将第一步水解发酵的产物转化为氢、乙酸和二氧化碳；

③ 产甲烷菌，它们将简单的底物如乙酸、甲醇和二氧化碳、氢等转化为甲烷。

UASB由污泥反应区、气液固三相分离器（包括沉淀区）和气室三部分组成。在底部反应区内存留大量厌氧污泥，具有良好的沉淀性能和凝聚性能的污泥在下部形成污泥层。要处理的污水从厌氧污泥床底部流入与污泥层中污泥进行混合接触，污泥中的微生物分解污水中的有机物，把它转化为沼气。沼气以微小气泡形式不断放出，微小气泡在上升过程中不断合并，逐渐形成较大的气泡，在污泥床上部由于沼气的搅动形成一个污泥浓度较稀薄的污泥层，然后污泥和水一起上升进入三相分离器，沼气碰到分离器下部的反射板时折向反射板的四周，然后穿过水层进入气室，集中在气室的沼气用导管导出，固液混合液经过反射进入三相分离器的沉淀区，污水中的污泥发生絮凝，颗粒逐渐增大，并在重力作用下沉降。沉淀至斜壁上的污泥沿着斜壁滑回厌氧反应区内，使反应区内积累大量的污泥，与污泥分离后的处理出水从沉淀区溢流堰上部溢出，然后排出污泥床。

UASB与其他类型的厌氧反应器相较有下述优点。

① 污泥床内生物量多，折合浓度计算可达20～30g/L。

② 容积负荷率高，在中温发酵条件下，一般可达10kg COD/(m^3·d)左右，甚至能够高达15～40kg COD/(m^3·d)，污水在反应器内的水力停留时间较短，因此所需池容大大缩小。

③ 设备简单，运行方便，不需设沉淀池和污泥回流装置，不需要充填填料，也不需在反应区内设机械搅拌装置，造价相对较低，便于管理，且不存在堵塞问题。

上流式厌氧污泥床（UASB）具有较小的能耗和HRT。研究实验测得，在23℃的条件下，HRT=9.5h，此时有高于70%的COD去除率；随着水力停留时间的增加，COD的去除率降低。

Hanna和Birgitte公布了在上流式厌氧污泥床（UASB）反应器中负荷率为0.36kg NO_3^--N/(m^3·d）和6.6kg COD/(m^3·d）条件下，有超过99%的硝酸和COD被去除。

Kettunen等使用试验规模的UASB和混合式反应器对城市垃圾渗滤液在低温条件下的厌氧处理进行了研究。结果表明：中强度城市垃圾渗滤液在温度低至11℃时也可进行厌氧处理；11℃时两反应器均可实现大于60%的COD去除；24℃时，HRT为10h，10kg COD/(m^3·d）的有机负荷率（OLR）条件下可实现高达75%的COD去除。

3.1.1.3 厌氧序批式反应器（ASBR）

(1) 厌氧序批式反应器（ASBR）操作过程

厌氧序批式反应器的操作过程包括进水、反应、沉淀、排水4个阶段。也有些设置空转阶段，空转阶段是指本周期出水结束到下一周期进水开始之间的时间间隔，可根据具体水质及处理要求进行取舍。

1）进水阶段

污水进入ASBR反应器，同时由生物气、液体再循环或机械进行搅拌，基质浓度迅速增加，根据Monod动力学方程，微生物代谢速率也相应增大，直到进水完毕达到最大值。进水体积由设计的HRT、有机负荷（OLR）及预料的污泥床沉降特性等因素决定。

2）反应阶段

该阶段是有机物转化为生物气的关键步骤，所需时间由基质特征及浓度，要求的出水质量、污泥的浓度、反应的环境温度等参数决定，其中搅拌对COD去除率及甲烷产量都有影响，在颗粒成长过程中有重要作用。

3）沉淀阶段

停止搅拌，让生物团在静止的条件下沉降，形成低悬浮固体的上清液。反应器此时变成澄清器，沉降时间可根据生物团的沉降特性确定，典型时间在10～30min内变化，沉降时间不能过长，否则因生物气继续产出会造成沉降颗粒重新悬浮。混合液悬浮固体浓度（MLSS）、进料量与生物团量之比（F/M）是影响生物团沉降速率及排出液清澈程度的重要可变因素。

4）排水阶段

充分的液固分离完成后，将上清液排出，排水体积等于进水体积。排水时间由每次循环排水的总体积和排水速率决定。排水结束后，反应器将进入下一个循环，剩余污泥定期排出。

(2) 厌氧序批式反应器（ASBR）的优点

ASBR相对于其他厌氧反应器来说有如下优点。

1）工艺简单，占地面积少，建设费用低

ASBR 法的主体工艺设备只有一个或几个间歇反应器，同传统的厌氧工艺相比，此反应器集混合、反应、沉降等功能于一体，不需额外的澄清沉淀池，不需要液体或污泥回流装置；同 UASB 和 AF 相比，该反应器不需要昂贵的进水系统，具有工艺简单、结构紧凑，占地面积少，建设费用低等优点。

2）耐冲击、适应性强

完全混合式反应器比推流式反应器具有较强耐冲击负荷及处理有毒或高浓度有机废水的能力。ASBR 反应器在反应期内本身的混合状态属典型的完全混合式，加之反应器内有较高 MLSS 浓度，进而使 F/M 值降低，因此具有反应推动力大、耐冲击负荷及适应性强的优点。

3）布局简单，易于设计、运行

在 UASB、AF 等工艺中，布水设计的好坏直接影响到厌氧工艺的成功与否，因为设计难度大，而 ASBR 工艺是序批式进水，无需复杂的布水系统，也就不会产生断流、短流的问题，降低了设计难度，保证了处理的效果。

4）运行操作灵活

ASBR 反应器在运行操作过程中，可根据废水水量、水质的变化，通过调整一个运行周期中各个工序的运行时间及 HRT、SRT 而满足出水水质的要求，具有很强的操作灵活性。

5）固液分离效果好，出水澄清

固液分离在反应器内部进行是 ASBR 工艺不同于其他厌氧工艺的一个显著特征。首先，厌氧生物团絮凝与好氧活性污泥法的模式类似，是由细菌对基质的有限浓度引起的，F/M 值对其有重要影响。低 F/M 值，有利于生物絮凝，沉降快，出水悬浮固体低。一个连续进料完全混合的厌氧反应器稳态操作时 F/M 是一定值，而间歇操作的 ASBR 反应器进水后为高 F/M，随着反应的进行，F/M 逐渐降低，反应结束排水时，F/M 最低，且产气量最小，易于固液分离。因此，从固液分离效果讲，ASBR 法的间歇操作模式要优于其他厌氧法的连续操作模式。

6）污泥性能好，处理能力强

由于 ASBR 出水时容易将沉淀性能不好的污泥随水排出，而将沉淀性能较好的污泥保留下来，所以系统中的污泥整体沉降性能较好。同时，颗粒化过程较短，大大提高了处理废水的能力。H. Timur 等用试验规模的厌氧序批式反应器（ASBR）对垃圾渗滤液进行处理。ASBR 能在同一容器内实现固体的截留和有机物的去除，且没有必要对其投加混凝剂。

研究结果表明：容量负荷为 0.4～9.4g COD/(L・d) 时，COD 去除率在 64%～85%的范围内，被去除的 COD 有 83%转化为甲烷，假设剩余 17%转化为生物体则计算的生物体产量为 0.12g VSS/g COD_{rem}，试验测得的污泥产量和内源呼吸常数分别为 0.1g VSS/g COD_{rem} 和 $0.01d^{-1}$。反应器中每克 VSS 可将最高 1.06g 的 COD 转化为甲烷，数据显示 ASBR 用于处理垃圾渗滤液是可行的。

3.1.1.4 复合式厌氧反应器

李军等采用复合式厌氧反应器和 A/O 淹没式生物膜曝气池及碱化吹脱塔技术对深圳下坪垃圾卫生填埋场渗滤液进行处理，复合式厌氧反应器水力停留时间为 2.0d，容积负荷为 9.5kg COD/(m^3・d)。水温为 34℃时，其对 COD 的去除效率为 83.3%，BOD_5 去除率为 88.4%。

通常情况下，在好氧处理工艺之前会设置厌氧处理方式，厌氧处理的工艺效率会受到环境等诸多因素的干涉和影响，如果填埋场场龄超过 5 年，适合使用厌氧处理法处理高污染的垃圾渗滤液。

3.1.2 好氧生物处理

好氧生物处理可以实现铵态氮的硝化作用，去除垃圾渗滤液中的可降解有机污染物及部分金属离子，并有效降低 BOD_5、COD、NH_4^+-N

浓度，十分适合早期的填埋场，通常使用的好氧生物处理法有曝气塘、传统活性污泥法，以及膜生物处理法。

3.1.2.1 曝气塘

曝气塘是稳定塘的一种。稳定塘又称氧化塘或生物塘，是经过人工适当修整或修建的设围堤和防渗层的污水池塘，主要通过水生生态系统的物理、化学和生物作用对污水进行自然净化。污水在塘内经较长时间的停留，通过水中包括水生植物在内的多种生物的综合作用，使有机污染物、营养素和其他污染物质进行转换、降解和去除，从而实现污水的无害化、资源化和再利用的目的。稳定塘的净化机理与自然水体的自净机理类似，污水进入稳定塘后在风力和水流的作用下被稀释，在塘内滞留的过程中，悬浮物沉淀，水中有机物通过好氧或厌氧微生物的代谢被氧化而达到稳定的目的。好氧微生物代谢所需溶解氧由塘表面的大气复氧作用以及藻类的光合作用提供，也可通过人工曝气供氧。

曝气塘是经过人工强化的稳定塘，曝气塘由表面曝气器供氧，塘水呈好氧状态，污水停留时间短。曝气塘适用于土地面积有限，不足以建成完全以自然净化为特征的塘系统的场合，或由超负荷的兼氧塘改建而成，目的在于使出水达到常规二级处理水平。由于曝气增加了水体紊动，藻类一般会停止生长，因而大大减少。

曝气塘虽属于稳定塘的范畴，但又不同于其他以自然净化过程为主的稳定塘，是介于活性污泥法中的延时曝气法与稳定塘之间的处理工艺，实际上相当于没有污泥回流的活性污泥工艺系统。由于经过人工强化，曝气塘的净化功能、净化效果以及处理效率都明显地高于一般类型的稳定塘。污水在塘内的停留时间短，所需容积及占地面积均较小，这是曝气塘的主要优点。由于采用人工曝气措施，曝气塘能耗增加，运行费用也有所提高，但仍大大低于活性污泥法；同时由于出水悬浮物浓度较高，使用时可在其后设置兼氧塘来改善最终出水水质。

曝气塘工艺具有广占地、低成本的特点。处理过程对温度的依赖性很强，温度影响了微生物活性，可能间接降低处理液的可生化性，最终的处理效率也随之降低。此法多用在经济较落后的地区。在低温环境下，研究测得此工艺对 N、P 的去除率达到 65%。

3.1.2.2 传统活性污泥法

美国和德国的几个活性污泥法处理厂的运行结果表明，通过提高污泥浓度来降低污泥的有机负荷，活性污泥法可以获得令人满意的垃圾渗滤液处理效果。

Taina 等用好氧活性污泥法对垃圾渗滤液进行处理，试验采用无载体活性污泥反应器和有载体活性污泥反应器做对比研究。载体为中空塑料滚筒，用来使消化池中的生物体浓度和污泥量增加。

试验表明：10℃，NH_4^+-N 负荷为 0.27g/(g MLVSS·d) 时，两个反应器均实现完全硝化作用；7℃，负荷为 0.23g NH_4^+-N/(g MLVSS·d) 时，两个反应器的负荷均过载，氨盐去除率仅为 93%；5℃，负荷 0.010g NH_4^+-N/(g MLVSS·d) 时，有载体活性污泥反应器实现完全硝化作用，无载体反应器硝化率仅为 61%，好氧处理产生的出水 COD 为 150～500mg/L，BOD 低于 700mg/L，NH_4^+-N 浓度小于 13mg/L。结果表明：有载体反应器在低温和变化负荷率的条件下效果相当显著。

Kettuuen 等也对垃圾渗滤液的好氧后处理进行了研究，结果表明，24℃条件下，通过使用活性污泥法，好氧处理去除了厌氧处理后剩余 COD 的 45%～75%，且出水 $BOD_5<22$mg/L，COD<380mg/L。

活性污泥法成本低廉，使用广泛。为了减少污泥的有机负荷，普遍运用增加污泥的量的方式，处理效果较好。美国宾州污水处理厂用活性污泥法处理 COD＝6000～20000mg/L、BOD_5＝3000～12000mg/L、NH_4^+-N＝200～2000mg/L 的垃圾渗滤液，得到高于 95%的 BOD_5 去除率。活性污泥法阶段性、周期性进行运作就是序批式活性污泥法 (SBR)，它合并了出水、污泥分离和进水工序，具有较低的成本，泥水的分离效果也较为理想。使用 SBR 处理垃圾渗滤液后，国内学者发现

COD 的去除率高达 91%。

3.1.2.3 序批式反应器（SBR）

与传统污水处理工艺不同，SBR 技术采用时间分割的操作方式替代空间分割的操作方式，非稳定生化反应替代稳态生化反应，静置理想沉淀替代传统的动态沉淀。它的主要特征是在运行上的有序和间歇操作，SBR 技术的核心是 SBR 反应池；该池集均化、初沉、生物降解、二沉等功能于一池，无污泥回流系统。

王小虎等利用 SBR 法对城市垃圾卫生填埋场垃圾渗滤液进行处理，垃圾渗滤液在 SBR 法处理前进行吹脱处理，经试验后垃圾渗滤液 COD 值大大降低，去除率在 90%以上，NH_4^+-N 出水低于国家废水综合排放二级标准。

谢可蓉等利用 SBR 法作为二级生物处理对垃圾渗滤液进行治理，结果表明：SBR 法对垃圾渗滤液中的 COD_{Cr}、BOD_5 及 NH_4^+-N 的去除率分别可达到 85%～95%、90%～95%、65%～80%，从而大大降低了垃圾渗滤液治理工艺中后续阶段的负荷。

3.1.2.4 循环式活性污泥法（CASS）

CASS（Cyclic Activated Sludge System）是周期循环活性污泥法的简称，又称为循环活性污泥工艺。该工艺最早在国外应用，为了更好地将其引进，开发出适合我国国情的新型污水处理新工艺，有关科研机构在实验室进行了整套系统的模拟试验，分别探讨了 CASS 工艺处理常温生活污水、低温生活污水、制药和化工等工业废水的机理和特点以及水处理过程中脱氮除磷的效果，获得了宝贵的设计参数和对工艺运行的指导性经验。将研究成果成功地应用于处理生活污水及不同种工业废水的工程实践中，取得了良好的经济效益、社会效益和环境效益。开发的 CASS 工艺与 ICEAS 工艺相比，负荷可提高 1～2 倍，节省占地和工程投资近 30%。

孙召强等采用CASS工艺处理垃圾渗滤液。CASS工艺是在序批式活性污泥法基础上发展起来的，CASS池进水经稀释后浓度降低，有机污染物的浓度梯度小，因此有利于提高生物处理的效果。

CASS处理工艺流程如图3-1所示。

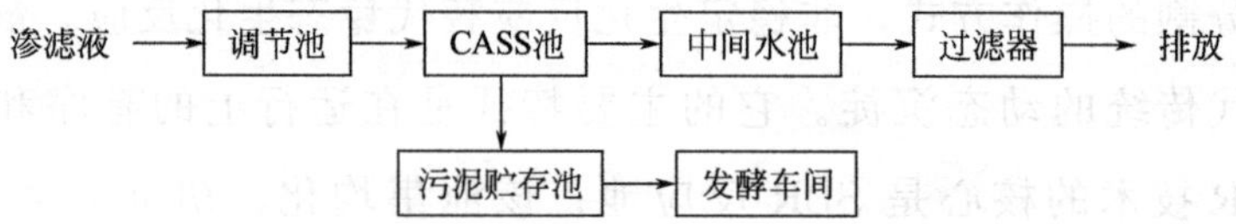

图3-1 CASS处理工艺流程

本设计CASS工艺运行周期合理，能够有效地去除有机物并且没有产生污泥膨胀。COD、BOD、NH_4^+-N的去除率分别达到84.92%、98.83%、90.96%。

3.1.2.5 好氧生物转盘

生物转盘是用转动的盘片代替固定的滤料，工作时转盘浸入或部分浸入充满污水的接触反应槽内，在驱动装置的驱动下转轴带动转盘一起以一定的线速度不停地转动。转盘交替地与污水和空气接触，经过一段时间的转动后，盘片上将附着一层生物膜。在转入污水中时，生物膜吸附污水中的有机污染物，并吸收生物膜外水膜中的溶解氧，对有机物进行分解，微生物在这一过程中得以自身繁殖；转盘转出反应槽时，与空气接触，空气不断地溶解到水膜中去，增加其溶解氧。在这一过程中，在转盘上附着的生物膜与污水以及空气之间除进行有机物（BOD、COD）与O_2的传递外，还有其他物质（如CO_2、NH_3等）的传递，形成一个连续的吸附、氧化分解、吸氧的过程，使污水不断得到净化。

德国Meeherinich垃圾渗滤液生物预处理硝化阶段采用好氧生物转盘，有高达90%的无机氮去除率。氨氮得到了去除，且伴随有少量的硝酸盐产生，由于其与生物膜机制相同，可以破坏厌氧微生物区，且在没有任何有机基质加入时也可以观测到氨氮的去除。据此，Christine和Sabinekunst推断该好氧硝化反硝化作用可能是由大量自养微生物完成的。

3.1.3 厌氧-好氧组合工艺

虽然实践已经证明厌氧生物法对高浓度有机废水处理的有效性，但单独采用厌氧法处理垃圾渗滤液也很少见。厌氧、好氧处理法单独使用是无法达到排放标准的，而两者进行结合获得的除污率较为理想，同时大幅降低了投资成本。对高浓度的垃圾渗滤液采用厌氧-好氧处理工艺既经济合理，处理效率又高。COD 和 BOD 的去除率分别达 86.8%和 97.2%。

3.1.3.1 上流式厌氧生物滤膜-活性污泥反应器

Jeong-Hoonim 等采用厌氧-好氧处理系统处理垃圾渗滤液，在厌氧反应器中实现了有机物和氮的同时去除，试验系统包括一套上流式厌氧生物滤膜、一套好氧活性污泥反应器和一个澄清池，为得到足够量的微生物浓度以提高反应器中去除率的最大值，厌氧反应器的 70%均用惰性介质填充，好氧反应器分成四部分，以提供较好的混合效果。

研究表明：厌氧反应器内有机物的最大去除率为 15.2kg COD/(m^3 · d)，去除效率为 80%，负荷为 1.1kg NO_3^--N/(m^3 · d) 时，最高脱氮率高于 99%。

3.1.3.2 四阶段-Bardenpho 工艺

Ilies 和 Mavinic 使用四阶段-Bardenpho 工艺，即缺氧-好氧-缺氧-好氧在低温条件下对高氨氮垃圾渗滤液进行处理，整个研究中有两套平行系统同时进行，各系统均有 20d 的好氧固体停留时间和大约 3∶1 的回流活性污泥。在整个试验期，其中一个系统内循环率为 4∶1，另一系统为 3∶1，甲醇为反硝化的碳源；当操作温度由 20℃降至 17℃时，两系统中反硝化均立即下降 15%，而对硝化作用没有明显影响；继续下降至14℃并最终降为10℃，10℃时两系统硝化、反硝化均明显受抑，操作参数的改变例如氨和甲醇负荷减少，温度增加，在合理的时间限制内不会使系统性能恢复。

结果表明：四阶段-Bardenpho处理高氨氮垃圾渗滤液是一个可行工艺，温度下降会对其产生不利影响，其对高氨氮垃圾渗滤液处理的其他参数还需进一步研究。

3.1.3.3 厌氧/好氧生物流化床耦合工艺

李平等采用厌氧/好氧生物流化床耦合工艺处理垃圾渗滤液。探索了厌氧/好氧的耦合及各种工艺操作条件对渗滤液生物降解效率的影响，并对其影响机理进行了初步探讨。

结果表明：经过高效厌氧流化床处理，垃圾渗滤液可生化性可提高49.1%，COD/NH_4^+-N值宜控制在7.6左右，当进水COD_{Cr}及NH_4^+-N浓度分别为5000mg/L、280mg/L左右时系统出水主要指标达到GB 16889—1997一级排放标准。

3.1.3.4 UASB-氧化沟-稳定塘

设计采用上流式厌氧污泥床-奥贝尔氧化沟-稳定塘工艺流程。垃圾填埋场的垃圾渗滤液集中到贮存库，依靠库址的较高地形，自流到集水池、格栅，经巴式计量槽计量后靠势能流至配水池，再依靠静水头压至上流式厌氧污泥床。经厌氧处理后的污水流至一沉池进行固液分离，上清液自流到奥贝尔氧化沟，沉淀污泥靠重力排至污泥池，污泥定期用罐车送到垃圾填埋场或堆肥利用。

污水在奥贝尔氧化沟进行好氧生物处理，奥贝尔氧化沟采用三沟式A/O工艺，具有先进的污水脱氮处理效果。该工艺突出的优点是在第一沟中既能对氨氮进行硝化，又能以BOD为碳源对硝酸盐进行反硝化，总氮去除率可达80%，由于利用了污水中BOD_5作碳源，导致污水中的BOD_5被去除，减少了污水中的需氧量。为了提高氧化沟脱氮效果，把第三沟的出水用潜水泵再抽至第一沟进行内回流，在第一沟中进行反硝化。

经氧化沟处理的污水流入二沉池进行固液分离，澄清水自流至稳定塘进行生物处理。二沉池的剩余污泥靠重力排至浓缩池。浓缩池中的上清液回流至氧化沟处理，其浓缩后的污泥用潜水泵抽至罐车输送到垃圾填埋场填埋，或进行堆肥处理。

3.2 物理化学处理技术

针对大颗粒杂质，在对其进行预处理过滤时，可以使用物化处理法，同时也可以深度过滤微米级，甚至纳米级的微小粒子。为了保证主体工艺系统能够稳定运行，物化处理要对垃圾渗滤液中的 NH_4^+-N 和重金属离子进行过滤。主要的物化处理法包括膜处理、混凝沉淀法、吸附法、高级氧化法等。

生物垃圾填埋场所需要填埋的时间不断延长，垃圾渗滤液的可生化性逐渐弱化，其中可以完成降解的有机物含量逐渐减少，对垃圾渗滤液直接进行处理难度较高，在这一阶段，首先采用物理化学法将垃圾渗滤液中的有毒物质、不易降解的物质、重金属粒子除去，也可以采用将其结构进行破坏的方式，使垃圾渗滤液的生化性得到提高和改善，实现后续操作和处理的稳定性以及高效性。

3.2.1 膜处理

通过对膜的合理筛分、截留和吸附等一系列操作，将渗透液中不易降解的有机物质除去。膜的孔径尺寸极小，数量级为微米级，由于孔径尺寸各不相同，所以可以将膜细化为微滤膜、超滤膜、纳滤膜，以及反渗透膜，微滤和超滤通常是前处理。

膜处理具有下述特点：进一步去掉 NH_4^+-N 以及难于降解的有机物质，占地范围较小，可以从传统的工艺进行改造，保证良好的水质，实现高效的管理。在膜处理中仍然存在一系列的问题，对于高成本的现象要合理解决，避免产生二次污染。

膜分离技术主要利用隔膜物理截留作用将污染物去除，它不受水质的影响，出水水质清洁；缺点是膜极易被污染且较难清洗，价格昂贵。膜分离法具有较宽的温度和范围，以及较高的 COD 和 NH_4^+-N 去除率，在老龄渗滤液的处理中应用较为广泛。主要工艺有微滤（MF）、超滤（UF）、纳滤（NF）、反渗透（RO）等，其中反渗透是填埋场渗滤液应用最多的膜处理工艺。膜技术在国外应用和研究较多，Bohdziewicz 对上流式厌氧污泥床出水后的垃圾渗滤液进行反渗透处理，COD、BOD 和 NH_4^+-N 去除率分别为 95.4%、90.2%和 88.7%。Trebouet 等将 NF 用于渗滤液的净化，结果表明在操作压力为 2MPa、膜面速度 3m/s 的条件下，COD 浓度由进水的 17000mg/L 降低到出水的 700mg/L，去除率达 95.9%。Bohdziewicz 和 Peters 比较了纳滤、超滤和反渗透法对垃圾渗滤液的处理，结果发现反渗滤的 COD 和 NH_4^+-N 去除率高于纳滤和超滤。

目前国内采用的膜技术处理垃圾渗滤液的工程实例中，以蝶管式反渗透（DT-RO）为主。但由于膜技术费用高，且处理过程中膜污染会影响出水水质，因此限制了它在我国垃圾渗滤液处理中的推广和应用。开发耐污染、易清洗、价廉、寿命长的膜及膜组件是今后研究的重点。

3.2.2 混凝沉淀法

混凝处理是通过外加混凝剂使水中胶体和悬浮颗粒脱稳、凝聚和絮凝成粗大的颗粒而沉降下来。混凝预处理可去除大分子有机物、色度、氨氮和重金属离子，提高垃圾渗滤液的可生化性，促进生化中活性污泥的增殖。混凝作为生化后处理，可保证出水指标达到排放标准。

混凝剂效果的好坏受 pH 值、温度、浓度等影响，但主要取决于混凝剂的性质和水力条件两个因素，常用的混凝剂有三氯化铁、聚合氯化铝（PAC）、聚合硫酸铁、硫酸铝等无机盐类及有机高分子混凝剂，铝盐和铁盐在水解、聚合、凝聚反应中形成高聚合度的多羟基化合物絮体，促使废水中污染物体系脱稳、凝聚，从而被絮凝去除。张富韬等采用混凝-吸附工艺预处理北京安定垃圾卫生填埋场渗滤液，将聚合氯化铝作为混凝剂，改性膨润土作为吸附剂，当聚合氯化铝用量为 500mg/L 时 COD_{Cr} 的去除率可达到 79%，NH_4^+-N 的去除率达 46%，重金属的去除率为 53%～79%。在实际混凝工艺操作中，往往投加一些非离子、阳离子及阴离子高分子助凝剂如聚丙烯酰胺（PAM）、聚乙烯胺等来改善絮体沉降性能，有机污染物质去除更有效。刘东等以聚合硫酸铁为混凝剂、聚丙烯酰胺为助凝剂处理垃圾渗滤液，COD、TP 和色度处理率最高可达 78%、76%和 95%。

近年来，人们又开发出了一类生物絮凝剂，其具有高效无毒、安全无二次污染的特点，也越来越受到人们的关注。Anastasios 等采用生物絮凝剂和无机混凝剂去除垃圾渗滤液中的有机物，当两种药剂达到相同的 COD 去除率时无机絮凝剂投加量为 500mg/L，而生物絮凝剂投加量仅为 20mg/L。由于生物絮凝剂用量省，去除率高，有希望成为未来垃圾渗滤液处理的主要絮凝剂。

3.2.3 吸附法

吸附法主要是利用多孔性固体物质使废水中的一种或多种物质被吸附在固体表面而去除的方法。在处理垃圾渗滤液时，可用作吸附剂的材料很多，如活性炭、沸石、焦炭、木屑、粉煤灰和硅藻土等。其中活性炭应用较为广泛，其可有效吸附去除不易生化降解的有机物，但对于挥发性脂肪酸及大分子的有机物（如腐殖酸）却不是一个有效的方法。蒋建国等用沸石吸附去除垃圾渗滤液中的 NH_4^+-N，结果表明：沸石作为吸附剂去除垃圾渗滤液中的NH_4^+-N是可行的，当沸石粒径为30～16目时NH_4^+-N去除率达到了78.5%，且进水NH_4^+-N浓度越大，吸附速率越大。

吸附法与其他技术耦合取得了良好的效果，如混凝-吸附法、臭氧-吸附法、Fenton-吸附法等。Rivas等运用先臭氧氧化、后活性炭吸附的方法处理垃圾渗滤液，COD去除率达90%以上，优于单一的活性炭吸附或臭氧氧化。另外，混凝与吸附联合使用能有效地去除重金属。沈耀良、杨铨大等采用聚合氯化铝作为混凝剂，焦炭作为吸附剂预处理渗滤液，COD去除率为58.9%，重金属的去除率为60%左右，铜的去除率接近100%。其中PAC对重金属的去除率从高到低排序为Pb＞Cu＞Cr＞Cd＞Zn，焦炭对重金属的吸附去除率从高到低排序为Cu＞Pb＞Zn＞Cd＞Cr，说明混凝和吸附对重金属离子的去除具有良好的互补性，克服了各离子之间的竞争吸附带来的负面效应。一般来说，吸附剂对早期垃圾渗滤液的吸附效果要优于晚期垃圾渗滤液，目前常用于垃圾渗滤液的预处理。

3.2.4 高级氧化

高级氧化技术具有氧化能力高、二次污染小等特点，包括Fenton试剂法、臭氧氧化、光催化氧化、超声波技术等。

Fenton试剂法是目前研究较多的一种方法，实质是Fe^{2+}和H_2O_2之间的链反应催化生成极强氧化性的羟基自由基（·OH）。·OH能将渗滤液中大分子有机物氧化成为小分子有机物，从而提高生化性。pH值、反应时间、H_2O_2和铁盐的投加量是Fenton法的主要影响因素，王喜全等用Fenton法处理鞍山市某垃圾填埋场的渗滤液，当初始pH值为7、H_2O_2/Fe^{2+}为4∶1、H_2O_2的投加量为0.05mg/L、反应时间为3.5h、加入混合催化剂（Mn^{2+}或Cu^{2+}）时，H_2O_2利用率为153.9%，COD去除率可达80.5%，出水达到《生活垃圾填埋污染控制标准》(GB 16889—1997)二级标准。

大量研究发现，将 UV、O_3 和光电效应等引入 Fenton 体系，可以节省 H_2O_2 的投加量和提高氧化能力。Sheng H. lin 等采用电-Fenton 工艺处理垃圾渗滤液混凝后出水，COD 浓度为 951mg/L，以铁为电极，电流为 2.5A，在 pH 值为 4、H_2O_2 为 750mg/L、反应时间为 23min 时，COD 去除率为 68%，色度去除率几乎为 100%。邹长伟等考察了 Fenton 试剂及 UV 联合技术对垃圾渗滤液处理的效果，采用 UV-Fenton 试剂联合处理垃圾渗滤液，COD 去除率可达 71.5%，色度去除率达 96%，比单纯的 Fenton 试剂 COD 去除率提高 13%。Fenton 法既可以单独使用，也可以与其他工艺联合使用，对高分子有机物有较高的去除效果，但对于 NH_4^+-N 的去除并不理想，需进一步完善和研究。

3.3 土地处理技术

为了利用土壤具有的自净能力，人为栽种植被，以此去除垃圾渗滤液中有害和有毒的物质，这就是土地处理法。土地处理法亦即土壤灌溉法，是人类最早采用的污水处理法，但是土地处理系统的应用多见于城市污水处理。对于垃圾渗滤液的处理方法，是将渗滤液收集起来，通过喷灌使之回流到填埋场。循环填埋场的垃圾渗滤液由于增加垃圾湿度，从而提高了生物活性，加速甲烷生产和废物分解。其次，由于喷灌中的蒸发作用，使渗滤液体积减小，有利于废水处理系统的运转，且可节约能源费用。北英格兰的 Seamer Carr 垃圾填埋场，有一部分采用垃圾渗滤液再循环，20 个月后再循环区垃圾渗滤液的 COD 值降低较多，金属浓度有较大幅度下降，而 NH_4^+-N、Cl^- 浓度变化较小。说明金属浓度的下降不仅是由稀释作用引起的，也可能是垃圾中无机成分对其吸附造成的。

该处理法具有较好的负载性，土壤的稳定化进程得到加速，不用在其运营过程中投入过多的资金，修缮成本也很低廉。但该处理法显效漫长，很容易出现重金属的富集，对土壤的安全造成威胁。且倘若土地资源不够丰富，那么无法推广使用这种处理方法。回灌法和人工湿地法是土地处理方法中最主要的方法。

在对人工湿地进行研究后，嘉萨等测得垃圾渗滤液的COD和BOD的去除率分别达到了70%和50%左右。欧美等地的研究者在人工湿地开发研究的过程中发现，即使时间长、气候恶劣，人工湿地对垃圾渗滤液的处理都取得了不错的效果。国内的研究显示，调整pH值回灌法的处理效果略有不同，碱性越强，NH_4^+-N的去除率越高；碱性越弱，COD的去除率越高。

尽管土地处理法的稳定性好、运行简单、成本低，但是要用长远的眼光看待环境问题，倘若重金属出现极为严重的沉淀，那么植被、土壤环境和地下水就会受到较大影响。相比种植植被的初期，如果土壤的渗透力降低，那么表示土壤具有的自净能力已经发生退化，处理水质时无法得到理想的效果。另外，土地资源极其有限，为此土地处理法并不值得推广应用。

土地处理技术是一种利用自然生态中系统具有自我调节的能力，从而达到处理垃圾渗滤液的方法。这种方法需要投入的资金较少，运行过程中的费用低廉，效果较好。但是这种方法需要在露天的环境下进行，受环境和季节的变化影响。且这个方法长期应用时，土壤会因为重金属和污染物过量而饱和，从而影响土壤结构。对地下水的污染在无形中力度会加大。

土地处理的方法有两种，分别是人工型技术和回灌型技术。这两个方法都可以对垃圾渗滤液进行处理，但是与生物处理技术和物理化学处理技术相比较还是有很大的不足，因为土地处理技术需要利用土壤的承受能力，但是这种承受能力是有限的，不可能无限量对垃圾渗滤液进行处理。综合考虑，通过对比各种处理工艺，根据实践的结果，首选的还是生物处理模式，因为该种方法成本低，但是处理效果好。

第4章 短程硝化-厌氧氨氧化实现垃圾渗滤液深度除碳脱氮

4.1 短程硝化-厌氧氨氧化的工艺原理和技术

垃圾渗滤液含高浓度的有机物、氨氮（NH_4^+-N）等，是一类对环境危害严重的特种污水。笔者和 Chemlal R 等研究发现垃圾渗滤液中的有机物浓度虽高，但大部分是易降解的挥发性脂肪酸，通常通过厌氧工艺可以实现很大程度的去除。但是，垃圾渗滤液的高氨氮非常难处理，张树军等报道称，过高浓度的 NH_4^+-N 会抑制微生物的正常生长和生化处理的效果。而在国家最新颁布的《生活垃圾填埋场污染控制标准》（GB 16889—2008）中，又增加了对总氮（TN）的排放要求，这无疑给垃圾渗滤液的脱氮技术带来了新的挑战。因此，Vilar A、崔荣、Sun H W、Cortea S 等研究人员普遍认为目前对垃圾渗滤液处理的研究主要集中在脱氮。

垃圾渗滤液处理目前以生物处理工艺为主，常用的厌氧工艺如 UASB 主要是去除有机物，据 Bohdziewicz J 报道称其脱氮效果不佳；而常用的脱氮工艺如 SBR（Sequencing Batch Reactor）、间歇式活性污泥法、生物转盘、生物滤池等，更多的是实现氮的转移，即将垃圾渗滤液中绝大多数的 NH_4^+-N 转化为亚硝态氮或者硝态氮（NO_x^--N），并不是将氮从根本上去除，因此对 TN 的去除效果不佳。而如果额外投加碳

源去除产生的 NO_x^--N，将会增加垃圾渗滤液的处理成本，很难实现工程化。

因此，为解决垃圾渗滤液氨氮含量高、总氮不达标和去除 TN 常需投加大量碳源造成处理成本过高的问题，采用短程硝化-厌氧氨氧化组合工艺，在未对系统内投加碳源的情况下实现氨氮和总氮的同步、深度去除。相比于以往的垃圾渗滤液处理工艺，通过短程硝化产生亚硝态氮，节省曝气量；通过厌氧氨氧化不外加碳源；通过自养脱氮获得高的 NH_4^+-N 和 TN 去除率，节约了处理成本，也更有实际意义。

4.1.1 短程硝化-厌氧氨氧化的工艺原理

厌氧氨氧化（Anaerobic Ammonium Oxidation，Anammox）是经济有效的脱氮技术，越来越受研究者的关注。厌氧氨氧化是完全自养的生物氮素转化过程，Mulder A 等报道称在缺氧条件下，厌氧氨氧化菌（Anaerobic Ammonium-oxidizing Bacteria，AnAOB）以 NO_2^--N 为最终的电子受体，将 NH_4^+-N 氧化为 N_2。相比于传统脱氮，厌氧氨氧化工艺无需外加碳源，大幅节约曝气量，通过自养脱氮实现最大程度的节能降耗。但实现厌氧氨氧化工艺的前提是必须通过短程硝化产生 NO_2^--N。笔者研究发现，垃圾渗滤液在控制游离氨（FA）、pH 值和溶解氧（DO）等条件下较容易实现短程硝化。因此，非常适合采用短程硝化-厌氧氨氧化联用技术处理垃圾渗滤液特别是碳氮比极低的晚期垃圾渗滤液。

笔者研究认为，短程硝化-厌氧氨氧化包含两个反应过程，废水中的氨氮首先在好氧的短程硝化反应器中被氧化成亚硝态氮。随后短程硝化反应器的出水（包含生成的亚硝态氮）作为厌氧氨氧化的电子受体进入到厌氧氨氧化反应器中，而同时原水（包含氨氮）也进入到厌氧氨氧化反应器中，在厌氧条件下厌氧氨氧化菌以亚硝态氮为电子受体以氨氮为直接电子供体进行厌氧氨氧化反应，反应后生成氮气，从而实现废水中氨氮的全程自养脱氮，即氨氮在氨氧化菌的作用下转化为亚硝态氮（NH_4^+-N→NO_2^--N）。

Kuenen和孙国萍等研究表明厌氧氨氧化菌在厌氧条件下以NO_2^--N为电子受体，将NH_4^+-N氧化为N_2。其中，羟氨（NH_2OH）和联氨（N_2H_4）是厌氧氨氧化过程的中间产物，NH_2OH为最可能的电子受体。NH_2OH由NO_2^--N还原产生，这一还原过程又为N_2H_4转化为N_2提供所需要的等量电子。

图4-1所示为Jetten、Kuenen等提出的厌氧氨氧化的Brocadia annamoxidans生化反应模型，这个模型中，包括3种关键的酶：亚硝酸盐还原酶（Nir）；联氨水解酶（HH）；联氨氧化酶（HZO）。

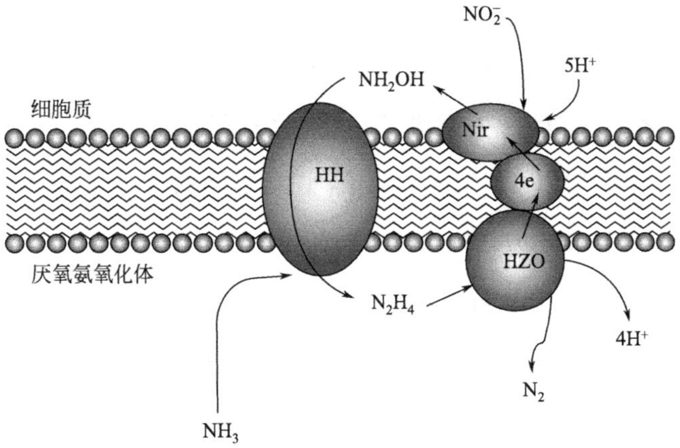

图4-1　Brocadia annamoxidans的生化反应模型

该模型将Anammox过程分3步：第1步，在Nir的作用下，NO_2^-被还原成NH_2OH；第2步，在HH的作用下，NH_2OH将NH_3氧化成N_2H_4，可以看出NH_2OH是厌氧氨氧化反应最可能的电子受体；第3步，N_2H_4被HZO氧化成N_2，同时放出$4H^+$和4e。这4e传递给Nir，开始新一轮的厌氧氨氧化。

Metcalf和Bock等研究表明氨氧化菌（Ammonium Oxidation Bacteria，AOB）以亚硝酸盐单胞菌属和亚硝酸盐球菌属为主，从微生物营养类型角度划分，它们属于化能自养专性好氧菌，革兰氏染色呈阴性，不具有光合色素，不能进行光合作用，氨氮氧化为亚硝态氮过程所释放的能量是它们获得能量的唯一方式，二氧化碳则是其碳源。短程硝化过程从微生物学角度看，也并非仅仅是氨氮转化为亚硝态氮这样简单，而是涉及多种酶及多种中间产物，并伴随着电子传递及能量产生的复杂生化反应过程。

王茜等研究认为短程硝化-厌氧氨氧化（partial nitrification anaerobic ammonium oxidation）工艺的基本原理是氨氧化菌将部分氨氮转化成亚硝态氮，然后厌氧氨氧化菌在厌氧环境下，以 NO_2^--N 为电子受体，剩余的 NH_4^+ 为电子供体，进行微生物反应直接生成 N_2。

总的反应方程式为式（4-1）：

$$NH_4^+ + 1.32NO_2^- + 0.066HCO_3^- + 0.13H^+ \longrightarrow 1.02N_2 + 0.26NO_3^- + 0.066CH_2O_{0.5}N_{0.15} + 2.03H_2O \quad (4\text{-}1)$$

短程硝化-厌氧氨氧化需要有足够的有机物作碳源才能顺利进行。例如当以甲醇为基质时，McCarty 等实验测得的计量关系为：

$$NO_3^- + 1.08CH_3OH + 0.24H_2CO_3 \longrightarrow 0.056C_5H_7NO_2 + 0.47N_2 + 1.68H_2O + HCO_3^- \quad (4\text{-}2)$$

根据式（4-2），如果考虑细胞合成，还原 1g NO_3^--N 需要 2.47g 甲醇。而氨氧化细菌和厌氧氨氧化菌都是自养菌，故短程硝化-厌氧氨氧化反应并不需要外加碳源，所以可节省 100%的外加碳源。唐林平等进行产泥量分析，在氧化同等数量氨氮的情况下，短程硝化-厌氧氨氧化工艺只需将 55%的氨氮进行短程硝化，剩余氨氮与产生的亚硝态氮进行厌氧氨氧化反应，所以比传统工艺减少产泥 84.5%。在 C/N 低的情况下，短程硝化-厌氧氨氧化生物脱氮不论是在反应器能力上还是在污泥活性上都远远高于传统活性污泥法，其生物脱氮效果也远远好于传统活性污泥法。

对比传统的硝化-反硝化工艺，短程硝化-厌氧氨氧化工艺具有可减少 62.5%的溶解氧，无需投加有机物，污泥产量极低，减少温室气体排放等优势。因此，该工艺也成为垃圾渗滤液生物脱氮处理的研究热点。

4.1.2 短程硝化-厌氧氨氧化的工艺技术

短程硝化-厌氧氨氧化工艺不仅具有短程硝化反硝化的优点，同时还具有厌氧氨氧化的优点，此工艺能有效克服传统生物脱氮工艺的缺点，在污水生物脱氮领域具有良好的开发应用前景。此工艺的主要优点表现在以下几个方面：

① 此工艺无需外加有机碳源，非常适于处理低 C/N 的污水；

② 总氮去除率高，耗氧量少，动力消耗少；

③ 此工艺污泥产量少，减少甚至根本不需后续的污泥处理设施。

虽然短程硝化-厌氧氨氧化工艺具有如此之多的优点，但是目前短程硝化-厌氧氨氧化工艺还很少见到有工业化应用的报道。我国也还处在实验室研究阶段，主要研究热点仍集中在厌氧氨氧化反应器的启动、影响因素等方面。目前世界各国如一些欧洲发达国家以及日本、美国、韩国等的科研人员也都在致力于此方面的研究。

笔者以北京某垃圾填埋场产生的晚期垃圾渗滤液为研究对象，遵循系统构建、调控因素、机理分析、方案优化的技术路线，如图 4-2 所示；分成三个阶段进行短程硝化-厌氧氨氧化的工艺技术研究，如图 4-3 所示。

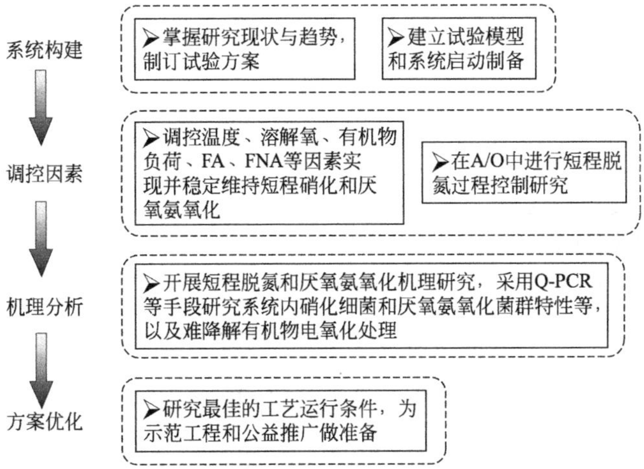

图 4-2 技术路线图

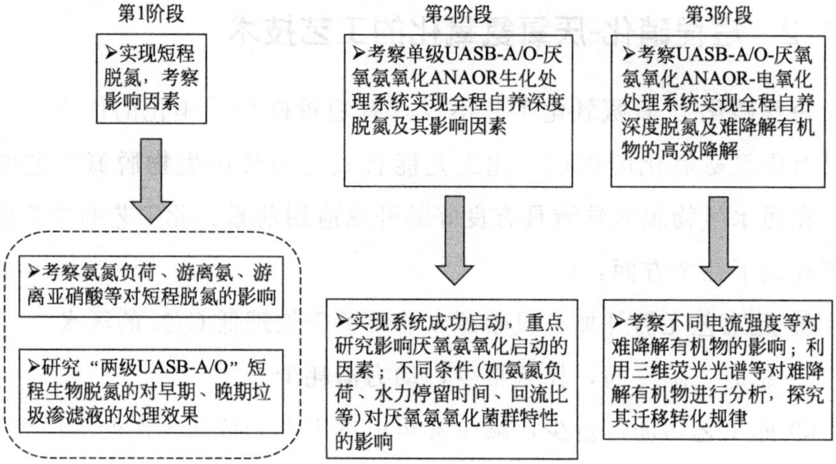

图 4-3 研究阶段框图

以 UASB-A/O（缺氧/好氧）反应器-Anammox（厌氧氨氧化反应器）工艺，实现短程硝化-厌氧氨氧化耦合过程，在未投加碳源的情况下，实现 NH_4^+-N 和 TN 的同步、深度去除，为垃圾渗滤液脱氮工艺提供技术支持。晚期垃圾渗滤液浓度高，可生化性差，且相对于生活污水来说水质、水量变化较大，对生物系统有很强的抑制作用。笔者采用 $V_{垃圾渗滤液}:V_{生活污水}$ 为 1∶10 的混合液作为系统进水。水质指标如表 4-1 所列。

表 4-1 渗滤液与生活污水水质指标

水质指标	晚期	生活污水
COD_{Cr} 浓度/(mg/L)	2500～10000	300～380
TN 浓度/(mg/L)	1300～3100	40～50
NH_4^+-N 浓度/(mg/L)	1000～2900	30～40
NO_x^--N 浓度/(mg/L)	0.5～15	0.5～15
pH 值	7～8.5	7～8
PO_4^{3-}-P 浓度/(mg/L)	3～15	4.1～5.9

系统工艺流程如图 4-4 所示，由一体化水箱、UASB、A/O、二沉池、反硝化/厌氧氨氧化混合反应器串联组成，其中 UASB 和混合反应器设有内循环回流管，起到维持一定的上升流速和搅拌的作用。

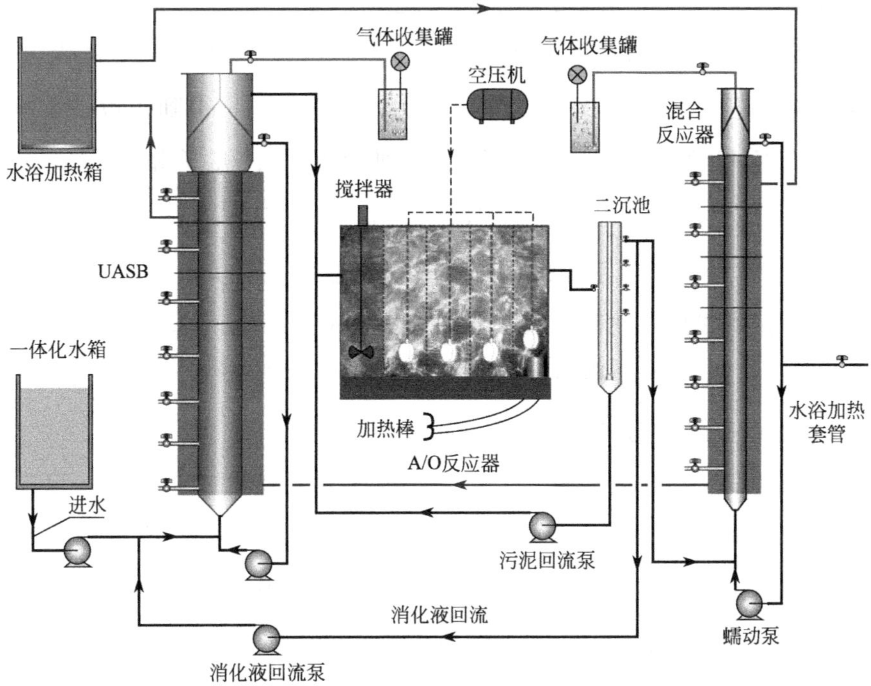

图 4-4 系统工艺流程

该工艺同时还设有双回流系统，一部分二沉池出水（硝化液）回流到首端 UASB 中；二沉池污泥回流到 A/O 反应器缺氧段。在 UASB 中，回流硝化液中的 NO_x^--N 利用系统进水中丰富的有机碳源进行反硝化；同时，有机物除了作为反硝化碳源去除之外还通过厌氧产甲烷进一步降解。UASB 出水进入 A/O 反应器，部分氨氮（NH_4^+-N）发生短程硝化产生亚硝态氮（NO_2^--N），在此也存在部分 NH_4^+-N 和产生的 NO_2^--N 发生厌氧氨氧化脱氮，但反应并不完全。其出水流入二沉池，经中间水箱流入混合反应器。在混合反应器中，有机物以难降解有机物为主，因此，有机物对厌氧氨氧化的抑制已很小，二沉池出水中的 NH_4^+-N 和 NO_2^--N 在此进行充分的厌氧氨氧化；同时还伴随着利用难降解有机物作为碳源反硝化去除系统剩余的 NO_x^--N，继而达到深度除碳脱氮，提高了有机物和总氮去除率。中间水箱主要是起到调节水质、水量的作用。厌氧氨氧化菌生长慢，混合反应器采用改造的升流式厌氧污泥床，污泥龄长，保证了厌氧氨氧化菌的世代时间。

研究最终采用UASB-A/O-混合反应器系统实现了短程硝化-厌氧氨氧化的耦合，不外加碳源，仅采用生物处理方法，得到了垃圾渗滤液有机物、NH_4^+-N和TN的去除率分别为88%、95%和91%，出水COD_{Cr}、NH_4^+-N和TN浓度分别为67mg/L、15mg/L和35mg/L，实现了有机物、NH_4^+-N和TN的同步、深度去除。在A/O反应器中，通过FA对亚硝酸盐氧化菌（Nitrite Oxidation Bacteria，NOB）的选择性抑制，使AOB成为优势菌种，实现了稳定的短程硝化，得到NO_2^--N，为Anammox创造了条件。在A/O反应器内得到了接近96%的NO_2^--N积累率，实现了反硝化、短程硝化和厌氧氨氧化在同一反应器内共存，最大程度增大了A/O反应器的脱氮能力。通过前端UASB对有机物的去除，减少了有机物对后续反应器中的厌氧氨氧化的抑制，使得残余NH_4^+-N和NO_2^--N在后续反应器中通过厌氧氨氧化得以深度去除而不需外加碳源，厌氧氨氧化菌基因拷贝数达到10^9拷贝数/g干污泥以上，实现真正意义上的自养深度脱氮。

王凯等采用SBR进行短程硝化-厌氧氨氧化工艺处理晚期垃圾渗滤液，结果表明：垃圾渗滤液中难降解的COD未对厌氧氨氧化菌产生抑制作用，系统的总氮容积去除负荷为0.76kg/(m^3·d)，在不添加任何碳源的条件下TN去除率达90%以上。苗蕾等用短程硝化SBR联合厌氧氨氧化SBR（ASBR）两级系统处理氨氮浓度为（2000±100)mg/L、COD浓度为（2200±200)mg/L的晚期垃圾渗滤液，短程硝化SBR运行了100d，亚硝态氮积累率达95%，当ASBR进水可降解COD降到约50mg/L时厌氧氨氧化菌活性可较好地保持，其占全部细菌的最大比例为1.94%。

2010年，Liu等提出在厌氧氨氧化工艺之前先进行一次短程硝化，将氨转化为亚硝酸盐，以提供足够的亚硝酸盐来进行后续的工艺。这个过程由两个主要部分组成：一个短程硝化（SN）反应器和一个Anammox反应器，在该联合工艺中，先将稀释后的原废水送入SN反应器，生产亚硝酸盐；然后，将反应器排出的废水与大约等量的稀释原始废水混合，再送入 Anammox 反应器进行总氮的去除。

实验流程和原理如图 4-5 和图 4-6 所示。

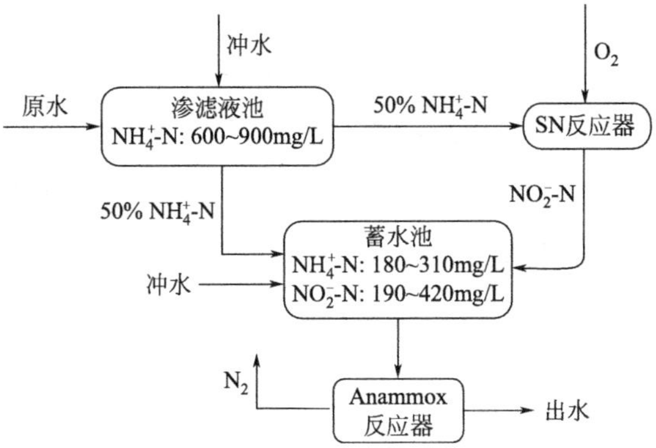

图 4-5 SN-Anammox 工艺流程

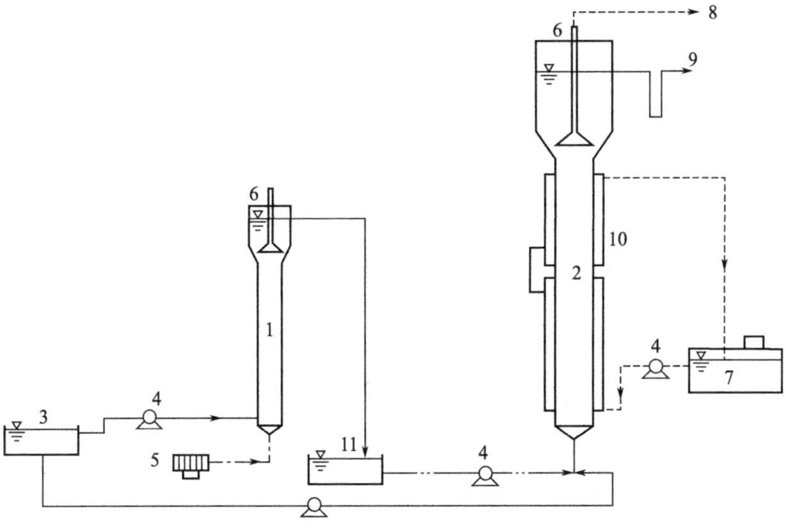

图 4-6 SN-Anammox 工艺原理

1—SN 反应器；2—Anammox 反应器；3—进水；4—蠕动泵；5—气泵；6—气体分离器和收集器；7—热水槽；8—氮气；9—出水；10—热水夹套；11—混合罐

以稀释后的原水（处理垃圾渗滤液的 UASB 反应器出水）为进水，在 UASB 反应器中实现了短程硝化工艺的稳定运行。最大无机氮负荷为 1.47kg/(m^3·d)，氨氮去除效率超过 80%，约占污水中 NO_2^--N 与

NO_x^--N 比值的 90%以上。在 Anammox 反应器中实现厌氧氨氧化的成功运行，该反应器由稀释的原污水（处理垃圾渗滤液的 UASB 反应器的污水）和短程硝化反应器的污水混合而成，最大无机氮负荷为 0.91kg/(m^3·d)，同时氨氮和亚硝酸盐的去除效率均在 93%以上。证实了 SN-Anammox 联合工艺是处理垃圾渗滤液中 UASB 反应器稀释出水的可行工艺，此联合工艺连续 70d 仍可稳定运行，最大氮负荷率为 0.63kg/(m^3·d)，但总无机氮的平均去除率仅为 87%左右，主要是由于厌氧氨氧化过程硝酸盐的产生所致。

Taichi Yamamoto 等将短程硝化技术应用于处理与垃圾渗滤液水质类似的猪粪污水，并对其长期运行的稳定性进行了研究。短程硝化作为厌氧氨氧化预处理时，应避免亚硝酸盐转化为硝酸盐，氨转化量应控制在 60%左右。因此，氨氧化菌（AOB）和亚硝酸盐氧化菌（NOB）之间的生理差异非常重要。由于 AOB 对氧的亲和力高于 NOB，所以在低溶解氧（DO）条件下会发生亚硝酸盐积累。Taichi Yamamoto 等利用游离氨和游离硝酸的抑制作用对猪粪污水进行了短程硝化处理，并保持 120d 稳定运行。NH_4^+-N 转化到 NO_2^--N 和 NO_3^--N 的效率分别为 58%和<5%。然后采用上流式厌氧氨氧化反应器通过短程硝化处理猪粪污水。在脱氮率（NRR）为 0.22kg/(m^3·d）的条件下，稳定脱氮 70d，厌氧氨氧化生物量的颜色由红色变为灰黑色。此外，NO_2^--N 消耗量和 NO_3^--N 产量同时增加，其中厌氧氨氧化的反应比为 1∶1.67∶0.53，与之前报道的 1∶1.32∶0.26 有所不同。

张方斋等研究发现短程硝化和厌氧氨氧化两个反应过程可以整合于一个反应器内进行，如全程自氧脱氮（Completely Autotrophic Nitrogen-removal Over Nitrite，CANON）工艺，即在单个反应器内，利用 AOB 和 AnAOB 的协同作用来去除污水中的 NH_4^+-N。CANON 工艺中厌氧氨氧化反应产生的碱度可以及时补充短程硝化反应消耗的碱度，使得 AOB 和 AnAOB 均处在良好的 pH 环境。基于 CANON 工艺已经成功应用于高浓度 NH_4^+-N 的电子工业污水、含有高浓度 NH_4^+-N 的污泥消化液和低

NH_4^+-N负荷的养殖污水，张方斋等采用CANON工艺在无外加碳源的情况下处理晚期垃圾渗滤液，实现晚期垃圾渗滤液的深度脱氮。

张方斋等运行CANON工艺130d，根据运行方式和进出水水质特点可以将整个运行过程分为2个阶段，分别为：阶段1——短程硝化启动阶段（1～60d），进水为实际晚期垃圾渗滤液；阶段2——短程硝化-厌氧氨氧化启动阶段（60～130d），该阶段分为人工配水作用时期（60～95d）和人工配水/晚期垃圾渗滤液混合作用时期（95～130d）。CANON工艺采用一次进水方式，第1阶段每天运行两个周期，每个周期为12h，包括进水单元、缺氧搅拌单元、好氧反应单元、沉淀单元、排水单元和闲置单元，其中缺氧搅拌2h，好氧曝气时间通过pH曲线实时控制，当出现氨谷时停止曝气，排水比为10%，泥龄（Sludge Retention Time，SRT）为15d。第2阶段每个周期为36h，包括进水单元、曝气/缺氧搅拌循环交替运行单元、沉淀单元、排水单元和闲置单元，其中每段曝气1.5h，缺氧搅拌时间通过pH曲线实时控制。当pH曲线不再升高时停止搅拌，排水比为10%，SRT为55d等。张方斋等将短程硝化和厌氧氨氧化两个反应过程耦合在CANON反应器内，并且在曝气/缺氧搅拌循环交替的运行方式下成功地富集了AOB和AnAOB，AOB和AnAOB占总菌数的百分比分别为19.5%±1.3%和42.7%±5.02%。张方斋等认为采用CANON工艺处理晚期垃圾渗滤液具有较强的稳定性，在进水COD、NH_4^+-N、TN浓度分别为（2050±250）mg/L、(1625±75)mg/L和（2005±352)mg/L且未投加碳源情况下，出水COD、NH_4^+-N、TN浓度稳定在（407±14)mg/L、(8±4)mg/L和（19±4)mg/L，总氮去除率达到了98.76%。另外，通过控制曝气和缺氧搅拌时间来平衡短程硝化和厌氧氨氧化两个反应过程是该工艺成功的关键，最终以实时控制的方式实现了时间比例的最优化。

综上所述，短程硝化-厌氧氨氧化联合工艺已成功应用到垃圾渗滤液的脱氮处理中，反应器多采用SBR。研究表明，该联合工艺的关键在于短程硝化过程的稳定控制，即出水中氨氮和亚硝态氮的比例能够满足厌氧氨氧化反应阶段所需，目前，针对该联合工艺的研究已取得一定进展，但该工艺的稳定性有待进一步提高。

4.1.3 短程硝化-厌氧氨氧化的工艺特点

短程硝化-厌氧氨氧化工艺利用短程硝化实现NO_2^-的积累，再由厌氧氨氧化菌利用NO_2^-进行生物脱氮，这一工艺的关键在于将NH_4^+-N氧化控制在NO_2^-阶段，阻止NO_2^-的进一步氧化，然后直接进行生物脱氮。影响NO_2^-积累的主要因素有温度、pH值、游离氨（FA）、溶解氧（DO）、游离亚硝酸（FNA），以及水力负荷、有害物质和污泥龄等。在35℃左右时，脱氮效果最好，去除率可达80%以上；pH值为8左右时，该工艺处理效果更佳。FA与FNA对NOB和AOB的选择性抑制是实现并维持稳定短程硝化的关键影响因素，有效利用FA与FNA对NOB的协同抑制，能够实现大于80%的NO_2^--N累积率。

与传统的硝化反硝化相比，短程硝化-厌氧氨氧化具有以下优点：

① 硝化阶段可减少25%左右的需氧量，大大降低能耗；

② 厌氧氨氧化阶段可减少40%左右的有机碳源，减少了运行费用；

③ 缩短反应时间，有利于工程实际应用；

④ 减少约30%～40%的反应器容积；

⑤ 降低污泥产量（硝化过程可少产污泥33%～35%，厌氧氨氧化过程可少产污泥50%左右）等。

短程硝化-厌氧氨氧化组合工艺在未对系统内投加碳源的情况下实现了氨氮和总氮的同步、深度去除。该工艺相比于以往的垃圾渗滤液处理工艺，通过短程硝化产生亚硝态氮，节省曝气量；通过厌氧氨氧化，不外加碳源；通过自养脱氮获得高的氨氮和总氮去除率，节约了处理成本。

4.1.4 小结

针对垃圾渗滤液的水质特点，采用短程硝化-厌氧氨氧化新工艺处理实际垃圾渗滤液，是对垃圾渗滤液生物处理技术进行了发展。短程硝化-厌氧氨氧化耦合处理垃圾渗滤液不仅能够深度脱氮且不需投加任何碳源，为实际工程处理垃圾渗滤液提供理论指导和技术支持。以上章节介绍了UASB-A/O-厌氧氨氧化反应器（ANR）等多种反应器处理碳氮比低的晚期垃圾渗滤液，无需投加碳源，完全采用生物处理技术通过全程自养深度脱氮即可实现NH_4^+-N、TN的同步、高效去除，解决了垃圾渗滤液脱氮不彻底或需投加碳源去总氮造成处理成本高的问题，为垃圾渗滤液处理提供了切实可行的工程技术。

另外，在厌氧反应器中当碳源极端缺乏时反硝化细菌可利用难降解有机物为碳源，达到既去除难降解有机物又不用外加碳源进行反硝化脱氮，实现了同步除碳脱氮。避免了以往工艺采用双膜法去除难降解有机物，且投加大量外碳源反硝化降低总氮的问题，大大节约了处理成本。

虽然相关研究已开展了一些在垃圾渗滤液中去除难降解有机物质的研究，但还不够，还需继续研究难降解有机物的结构和组成的变化规律及其生物学过程等，进行运行条件优化；建立其电子供给能力和反硝化速率的定量关系及动力学模型；通过液相色谱-质谱联用（LC-MS）等对难降解有机物进行精准定量并摸索出一套完善的难降解有机物定性定量的方法等。

还需从机理上进一步明晰渗滤液厌氧氨氧化所富集的厌氧氨氧化菌的种类及其影响因素等，为以后培养厌氧氨氧化的工程菌创造条件，完善该理论体系。

4.2 短程硝化-厌氧氨氧化工艺的实现并稳定维持的影响因素分析

垃圾渗滤液是一种可生物降解性差、高氨氮、低C/N的废水，而厌氧氨氧化工艺不需外加有机碳源，对C/N低的污水处理有着不可替代的优越性。但实现该工艺的前提是有稳定积累的亚硝态氮。短程硝化-厌氧氨氧化工艺用于处理垃圾渗滤液特别是C/N极低的晚期垃圾渗滤液非常具有潜力。提供亚硝态氮的反应器串联Anammox反应器的两段式厌氧氨氧化工艺有很多优于单极系统工艺的优点，联合反应器可单独进行灵活和稳定的调控，微生物菌群关系相对简单，便于培养驯化出各自的反应器的优势菌种，调控Anammox反应器内的基质比，整体的处理出水效率更高、水质更稳，系统受到冲击后恢复速度快。此外，由于短程硝化阶段能消耗有机物，削减部分有毒物质，避免其直接进入Anammox反应器，所以更适合处理含有毒物质和有机物的废水。目前该两段式厌氧氨氧化工艺的实现并稳定维持有诸多影响因素，其关键和核心是实现稳定的短程硝化，短程硝化的稳定性直接决定了后续厌氧氨氧化反应能否顺利进行。实现短程硝化-厌氧氨氧化工艺的本质就是富集AOB和AnAOB，并通过参数调控使其在相适宜的环境因素、底物因素下成为优势菌种，此外对于短程硝化富集AOB主要是通过最大限度提高氨氧化率、亚硝态氮积累率，淘汰NOB。稳定维持短程硝化的主要控制因素有环境影响因素（溶解氧DO、温度、pH值）、底物因素（游离氨、游离亚硝酸和有机物）；稳定维持厌氧氨氧化的主要控制因素有环境因素（DO、pH值、温度等）、底物浓度（有机物、基质、磷酸盐、金属离子等）。此外，还可以通过污泥龄和HRT的控制进行菌种筛选，进而实现短程硝化-厌氧氨氧化并长期稳定运行。

4.2.1 环境影响因素

4.2.1.1 稳定维持短程硝化

实现并稳定维持短程硝化的关键是稳定积累NO_2^--N，将硝化反应控制在亚硝态氮阶段。短程硝化是在氨氧化菌AOB的作用下把NH_4^+-N氧化为NO_2^--N。AOB和NOB都是化能自养好氧菌，共同完成氨氮硝化反应。控制短程硝化过程主要是控制两种菌的活性及生长。为了实现

AOB的富集，主要通过控制溶解氧DO、温度、pH值、污泥龄、游离氨（FA）和游离亚硝酸（FNA）等方式抑制NOB的生长和活性，保证AOB成为优势菌种，稳定维持系统的短程硝化。以上参数的优化控制在理论上是契合的，但针对不同的废水特质以及不同的工艺条件，关于短程硝化某一影响因素的最佳条件具有代表性但不具有绝对性。如何综合控制反应器，使得亚硝态氮能积累并且能长久稳定的运行，需要更多的研究者进一步研究和探索。

（1）DO

DO是氨氮氧化过程中的重要因素，AOB和NOB之间的竞争关系受DO浓度的影响较大。研究表明，AOB的氧半饱和常数为0.2～0.4mg/L，NOB的氧半饱和常数为1.2～1.5mg/L。NOB的主要菌属*Nitrospira*和*Nitrobacter*在生理特性和环境适应性上既相似又不同，尤其二者对于亚硝态氮的亲和力、DO的亲和力不同，*Nitrospira*在对基质、DO的亲和力上优于*Nitrobacter*，在一定条件下形成以*Nitrospira*为优势菌属的NOB氧半饱和常数甚至小于一般值（1.2～1.5mg/L），与AOB的氧半饱和常数基本相同。通常在低DO条件下，AOB比NOB对溶解氧具有更高的亲和力，主要是因为在低氧条件下，AOB和NOB的增殖速率都有所下降，但低DO下AOB的代谢活动也在下降，使得氨氧化速率影响不大，亚硝态氮得以积累，可以暂时实现短程硝化，长期运行下短程硝化无法得以维持，抑制了NOB生长的同时也降低了AOB生长率，长期运行下的系统NOB中的*Nitrospira*成为优势菌种，会促进全过程硝化，打破短程硝化的运行。AOB的某些种属（如*N. europaea*）适合生存在高DO条件下，在高DO条件下AOB表现出对氧有更高的亲和力，而且长期高DO条件可以抑制*Nitrospira*的生长，同时在高DO条件下AOB可以维持很高的氨氧化速率，同样可以抑制NOB的活性，使得AOB更有能力竞争溶解氧。笔者在研究垃圾渗滤液的深度脱氮除碳系列实验中，DO在6～8mg/L时仍可稳定地维持短程硝化。

(2) 温度

温度对任何一种微生物都是一个重要的生理特性参数。氮的氧化过程主要涉及AOB和NOB，两者各有其最适的温度范围，为了实现稳定的短程硝化，系统可通过控制温度参数实现AOB成为优势菌种而淘洗掉NOB。生物的硝化反应可在5～45℃内进行，但超出45℃或低于15℃，硝化反应速率明显下降，较适宜的反应温度为20～35℃。Hellinga研究呼吸实验时得出40℃氨氧化速率最大，如图4-7所示。

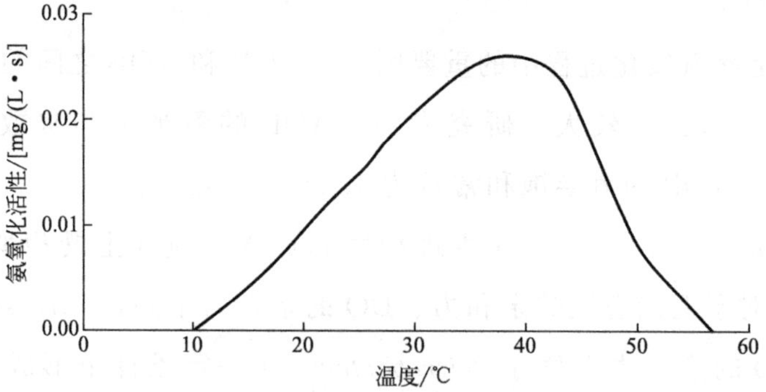

图4-7 氨氧化活性与温度的关系

同时Hellinga研究出，温度为20℃时亚硝酸菌的比生长速率稍高于硝酸菌，亚硝酸菌进行生物反应的生物活化能（68kJ/mol）稍高于硝酸菌的生物活化能（44kJ/mol），亚硝酸菌的温度系数（$\theta'=0.094$）稍高于硝酸菌的温度系数（$\theta'=0.061$）；低于20℃时，亚硝酸菌的比生长速率低于硝酸菌；超过20℃时，亚硝酸菌的比生长速率开始高于硝酸菌，如图4-8所示。

亚硝酸菌和硝酸菌的比生长速率均随温度上升而逐渐升高，温度越高亚硝酸菌的比生长速率越明显优于硝酸菌，系统越是容易将NOB淘汰掉，保持AOB的优势地位，有利于亚硝酸盐的积累，从而实现稳定短程硝化反应，但温度太高对于实际工程的普遍应用是不现实的，使水温保持在高温度需要耗费相当的能源，故综合各方面的因素考虑，可选用30～35℃的温度范围实现维持稳定短程硝化。

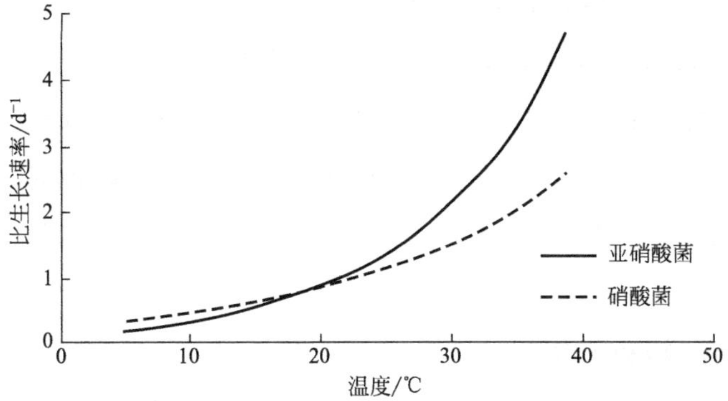

图 4-8　温度对硝化细菌比生长速率的影响

通常认为，在低温条件下，活性污泥系统的整体活性都在下降，无论是 AOB 还是 NOB 对低温都比较敏感，而 AOB 受低温的影响更大。而通常 NOB 在 10～20℃条件下的活性高于 AOB，因此通常在低温条件下短程硝化难以稳定维持，但有研究发现低温时实现短程硝化的稳定维持可从中温、常温开始再缓慢过渡到低温环境。在中温、常温状态时，逐渐驯化培养，优化系统中的菌群结构，使 AOB 成为硝化菌群中的优势菌种，将 NOB 从系统中淘汰出去。这样，当系统缓慢进入低温环境时仍有可能继续维持短程硝化。

(3) pH 值

pH 值是短程硝化反硝化的一个重要影响因素。pH 值对短程硝化过程的影响包括两个方面。

① pH 值会影响微生物体内的电解质平衡进而影响微生物的活性。AOB 和 NOB 对 pH 值的适应范围不同，研究表明 AOB 的适宜 pH 范围为 7.0～8.5，NOB 的适宜 pH 范围为 6.5～7.5。总的来说，在高 pH 值下 NOB 的活性降低，AOB 对高 pH 值的适应能力高于 NOB，因此提高 pH 值可以有效抑制 NOB，将硝化反应控制在亚硝化阶段。

② pH 值对游离氨（FA）浓度有重大影响。随着 pH 增大，游离氨（FA）浓度将增高。游离氨（FA）浓度在一定的范围内会造成亚硝态氮的累积，但过高的游离氨（FA）浓度则会抑制整个硝化反应。

厌氧氨氧化菌适宜 pH 值范围为 6.7～8.3，厌氧氨氧化反应是一个产碱反应，故大多数厌氧氨氧化工艺的进水 pH 值都控制在 7.0～8.0 之间，综合考虑各方面因素，实现稳定短程硝化的最佳 pH 值宜控制在 8.0。值得补充的是，通过外加碱性物质实现 pH 值调控时，碳酸氢盐类物质是 AOB 可以直接利用的底物，是最有利于亚硝态氮积累的碱性调节物质。

(4) 污泥龄和 HRT

亚硝酸菌的世代周期比硝酸菌的短而同时氨氮的硝化速率比亚硝态氮的氧化速率快，故通常通过缩短水力停留时间，使污泥龄介于 AOB 和 NOB 的最小水力停留时间之间，进而使得系统中 NOB 逐渐被淘洗掉，AOB 成为系统优势菌，实现稳定短程硝化，最终实现亚硝态氮的积累。

4.2.1.2 稳定维持厌氧氨氧化

厌氧氨氧化菌是一种世代时间较长，对光和 DO 敏感的自养脱氮微生物。厌氧氨氧化工艺的最大瓶颈是厌氧氧化反应的启动，当顺利启动该反应后其反应的环境条件并非难以控制。为了稳定维持厌氧氨氧化，需要控制反应因素在该反应可接受范围内。

(1) DO

溶解氧对厌氧氨氧化反应影响很大，溶解氧浓度过高时影响厌氧氨氧化菌的存活和繁殖，甚至会使其活性完全丧失。大量实验证明，系统进水 DO 不超过 1mg/L 时厌氧氨氧化菌可正常生长，主要是系统中的好氧菌可以消耗掉能抑制厌氧氨氧化菌正常生长的氧气，这使培养混合微生物实现短程硝化耦合厌氧氨氧化高效处理污水成为可能。

(2) 温度

采用 Arrhenius 方程式研究温度对厌氧氨氧化反应的影响时发现，在 20～37℃之间时厌氧氨氧化反应速率系数随温度升高而增加。厌氧氨氧化菌生长的最佳温度在25～40℃之间，而30～38℃是厌氧氨氧化反应的最佳温度。考虑到实际污水的温度特点，为了稳定地维持厌氧氨氧化反应，工艺温度宜控制在30℃。

（3）pH值

随着Anammox反应的进行系统中的pH值呈上升趋势，这是因为参与Anammox反应的H^+被逐渐消耗，也有人认为，系统中的自养微生物通过固CO_2以获得碳源，从而导致pH值的增高，所以pH值太高会抑制厌氧氨氧化反应的进行。该反应适宜发生在中性或弱碱性条件下，较适宜的pH值为6.7～8.3，最大反应速率出现在pH值为8左右。

4.2.2 底物影响因素

4.2.2.1 稳定维持短程硝化

（1）FA与FNA

氨氮、亚硝态氮在系统中一般存在两种形式，一种是离子态，另一种是游离态（FA与FNA）。比起控制其他因素维持短程硝化，控制FA与FNA实现短程硝化及其稳定维持更具有综合意义，效果最佳。温度、pH值、氨氮浓度是FA的3个影响因素，其中pH值、氨氮浓度是主要影响因素，pH值、氨氮浓度与FA成正相关，FA质量浓度公式如式（4-3）所列；温度、pH值、亚硝态氮浓度是FNA的3个影响因素，其中pH值、亚硝态氮浓度是主要影响因素，亚硝态氮与FNA成正相关，pH值与FNA成负相关，FNA质量浓度公式如式（4-4）所列：

$$\rho(\mathrm{FA})=\frac{\rho(\mathrm{NH_4^+-N})\times 10^{\mathrm{pH}}}{\mathrm{e}^{6334/(273+T)}+10^{\mathrm{pH}}} \tag{4-3}$$

$$\rho(\mathrm{FNA})=\frac{\rho(\mathrm{NO_2^--N})}{\mathrm{e}^{-2300/(273+T)}\times 10^{\mathrm{pH}}} \tag{4-4}$$

通过控制 FNA、FA 均可以有效抑制亚硝酸盐氧化菌（NOB）的生长并将其逐渐从系统中淘洗出去，实现了 AOB 种群的优化。游离氨对 AOB 和 NOB 均有抑制，但对二者的抑制浓度不尽相同，FA 对 AOB 和 NOB 的抑制范围分别是 10～150mg/L 和 0.1～1.0mg/L，使得氨氧化菌成为硝化菌群中的优势菌属，从而实现稳定高效的短程硝化。当 FNA 浓度为 0.011mg/L 时，NOB 的合成代谢受到抑制，当浓度为 0.023mg/L 时，将彻底抑制 NOB 微生物的合成代谢，而当 FNA 达到 0.50mg/L 左右时 AOB 仍具有较高的生物活性。但微生物对 FA 产生的抑制具有适应性，故联合 FNA 共同抑制 NOB 是一种有效的补偿机制。此外，系统前段 pH 较高，FA 较高，对系统中的 NOB 产生抑制，实现亚硝态氮的积累；系统后段 pH 逐渐降低，FA 降低，并且随着亚硝态氮浓度的积累，FNA 逐渐升高，再次实现对 NOB 的抑制，实现短程硝化的稳定维持。

（2）有机物

有机物是短程硝化过程中的影响因素，主要是不利于 AOB 的优势菌种地位，造成短程硝化系统崩溃。有机物是实际废水中常见的电子供体，在硝化反应的环境中很容易被氧气氧化，促进异养菌的大量繁殖，在这个过程中异养菌与 AOB 竞争 DO，从而影响短程硝化过程，不利于稳定的短程硝化维持。尽管某些小分子有机物对 AOB 的活性具有促进作用。很多实验表明，异养菌的生长速率远大于自养菌，因此对于一个稳定运行的短程硝化系统，在 DO 有限的条件下，进水中存在有机物，异养菌会很快占据优势菌种地位。AOB 则会因为与异养菌竞争溶解氧失利而数量逐渐减少。但如果 DO 足够的情况下，溶解氧将不会成为异养菌和 AOB 的竞争对象，有机物对短程硝化的影响是可以被削弱甚至是不存在的。

4.2.2.2 稳定维持厌氧氨氧化

（1）基质

厌氧氨氧化反应的氮素基质氨氮（NH_4^+-N）和亚硝态氮（NO_2^--N）

浓度及其比例的不同会对厌氧氨氧化反应起到促进或抑制的作用。根据厌氧氨氧化反应化学方程式，基质氮源 NO_2^--N 与 NH_4^+-N 浓度理论比值为 1.32。但由于反应器运行工况、环境因素、菌群多样性和丰度差异等客观条件的存在，使得最适厌氧氨氧化反应的基质氮源浓度比不同。为了维持稳定的厌氧氨氧化反应，应采用适当基质比，且控制基质浓度在阈值内。

采用厌氧氨氧化反应器（ASBR）处理低基质浓度（30mg/L 左右）人工模拟废水，在温度为 30℃、pH 值为 7.2±0.2、氮源浓度比值为 1.4 时脱氮效果最好；采用厌氧折流板反应器（ABR）处理低基质浓度（100mg/L 左右）人工模拟废水，控制温度 33℃±2℃、pH 值为 7.5±0.5、基质浓度比值为 1.34 时、效果最好；采用 Anammox 生物滤池对低氨氮废水做深度处理，氮源浓度比值为 1.3 时获得最好的脱氮效果。

底物浓度过大会对 Anammox 作用产生不利影响甚至产生抑制效应，特别是 NO_2^--N 浓度的变化对 Anammox 活性影响较大，Anammox 活性受氨氮浓度影响较小，其阈值可达到 1000mg/L。研究者们针对亚硝酸浓度阈值展开了广泛研究：高基质浓度下（NO_2^--N/NH_4^+-N 为 0.9 左右时）运行，亚硝酸浓度 900mg/L 时仍可稳定运行；研究单一基质抑制情况得出了亚硝酸浓度阈值高达 565.3mg/L。

（2）有机碳源

一般认为有机碳源对厌氧菌有不良影响，高浓度有机物抑制厌氧氨氧化活性，而低浓度的有机物并没有产生显著的负面影响，甚至会促进厌氧氨氧化反应。对此有两种生物反应机制可进行解释：

① 厌氧氨氧化系统中的异养细菌与自养的厌氧氨氧化菌竞争。由于异养菌在高浓度有机物条件下生长速度大于自养的厌氧氨氧化菌，厌氧氨氧化菌的生长繁殖受到限制，从而降低了对氮素基质的摄取能力，抑制了厌氧氨氧化菌的活性。

② 在高浓度有机物下，厌氧氨氧化菌仍然是 Anammox 系统中的优势菌种，但厌氧氨氧化菌具有不同的代谢途径，即表现出底物多样性

或代谢多样性，也就是说反应底物可以是有机物而不是氮素基质氨氮和亚硝态氮。在含有有机物的情况下，Anammox 活性较低，脱氮性能下降，当去除了有机物，Anammox 反应重现脱氮能力。厌氧氨氧化菌的某些菌种可氧化其他有机化合物，如甲酸、丙酸、单甲胺、二甲胺等有机物，而丙酸和乙酸被证明是厌氧氨氧化菌的潜在底物。

这些足以证明厌氧氨氧化氮代谢途径和有机物氧化是两个独立的过程，这种抑制可以认为是代谢途径转换抑制的一种现象。

虽然研究已发现 Anammox 与反硝化作用能共存，但共存体系依然很脆弱，在低碳比的垃圾渗滤液中，由于异养反硝化生长主要是利用易生物降解的有机碳做碳源，因此，为了维持稳定的厌氧氨氧化反应，反硝化细菌不能占主导地位。以占主导地位的厌氧氨氧化反应与反硝化反应平衡、共存是提高垃圾渗滤液处理能力、维持稳定的厌氧氨氧化反应的关键。

(3) 磷酸盐

磷是微生物生长所必须的元素，同样是厌氧氨氧化菌生长的必要元素，适量磷的存在可促进厌氧氨氧化的生长，但与反应基质一样，过量磷会对 Anammox 系统造成不利影响，但不同的工况、优势菌种对磷酸盐的耐受性也不同，厌氧氨氧化酶活性被抑制情况也不同。当磷酸盐浓度较低时会通过微生物的生长繁殖得到分解利用，因此不会对厌氧氨氧化产生抑制；但当磷酸盐浓度超过一定范围时无法再被分解，即会对厌氧氨氧化反应产生抑制作用，但这种抑制是可逆的，在一些情况下高浓度磷酸盐会导致乳白色沉积物磷酸铵镁（MAP）形成，MAP 的物理阻滞作用影响了 Anammox 反应基质的正常传递，从而导致脱氮负荷的明显下降。系列研究表明，在低基质浓度下，当总磷酸盐质量浓度小于 5mg/L 时不会对厌氧氨氧化反应产生不良影响。然而，当总磷酸盐质量浓度大于 5mg/L 时氨氮的去除受到严重抑制，氨氮去除率下降并出现波动。为了维持稳定的厌氧氨氧化反应，系统内的磷酸盐浓度应控制在 5mg/L 以下。

（4）重金属

金属离子是微生物生长所必需的矿物元素之一，如铁离子约占细胞干重的0.02%，广泛存在于细胞色素、铁还原蛋白、血红素、铁硫蛋白、铁镍蛋白等诸多物质中，它几乎参与了所有重要的代谢反应；同时，厌氧氨氧化菌体内含有大量血红素，在厌氧氨氧化菌中还发现了含铁元素颗粒，故厌氧氨氧化菌对铁的需求量很大，其浓度不足必然会影响到微生物体内的血红素合成或者能量的传递，在进行厌氧氨氧化的富集时铁元素很有可能成为限制因子。研究表明随着进水 Fe^{2+} 和 Fe^{3+} 浓度的提高，厌氧氨氧化污泥的活性逐步提高，添加适当铁离子不仅能够提高 Anammox 菌的脱氮效率，还能刺激厌氧氨氧化菌生长，当铁离子浓度由 0 增加到 5mg/L 时，厌氧氨氧化污泥的活性受到刺激，脱氮效能增加；当进水铁离子浓度大于 5mg/L 时，由于厌氧氨氧化反应产生 OH^-，铁离子会形成氢氧化物沉淀，从而避免了铁离子的毒性抑制。故铁离子的存在是维持厌氧氨氧化反应的必需元素。

综上所述，为了维持稳定的短程硝化-厌氧氨氧化处理垃圾渗滤液，在已有的控制参数基础上采取过程控制，逐步实现菌种的淘洗优化，保证足够的生物量，可维持系统的稳定运行。

第5章 短程反硝化-厌氧氨氧化实现垃圾渗滤液深度脱氮

厌氧氨氧化越来越显示出其优越性，特别是在处理 C/N 低的污水中，例如垃圾渗滤液、污泥消化液、焦化废水、养殖废水等。然而，厌氧氨氧化过程中因为固定 CO_2 会产生 11%的硝态氮从而降低总氮的去除率。同时，在某些工农业污水中富含硝态氮（NO_3^--N），因此非常有必要研究这类由硝态氮引起的总氮去除的问题。

传统的去除硝态氮技术以添加碳源进行反硝化为主，后来随着厌氧氨氧化的广泛研究与应用，目前生物脱氮技术的研究、应用多为组合工艺下的厌氧氨氧化与反硝化联合脱氮，即前段短程硝化厌氧氨氧化后段反硝化，在厌氧氨氧化装置前段增加部分亚硝化装置，废水中的氨氮首先在好氧反应器中部分（约 50%）转化为亚硝态氮，随后剩余的氨氮和生成的亚硝态氮在后续的反应器中进行厌氧氨氧化，再将富含硝态氮的出水进行碳源添加，以降低出水总氮。最终达到厌氧氨氧化与反硝化联合脱氮的目的。但该反应在反硝化过程中投加了相当的碳源，且降低了系统反应的效率。

为了节约反硝化碳源，进一步提高系统脱氮的效率，最近一些学者提出针对这类由于富含硝态氮而引起总氮不达标的污水处理可以采用短程反硝化-厌氧氨氧化实现深度脱氮。硝态氮在利用有限的碳源转化为亚硝态氮（NO_2^--N）之后，NO_2^--N 会和反应器中的 NH_4^+-N 发生厌氧氨氧化反应，从而节约了碳源的投加量。此外，在短程硝化-厌氧氨氧化工艺中，前段的短程硝化在实现稳定控制之前氨氮非常容易被过量氧化而生成硝态氮，故短程反硝化-厌氧氨氧化工艺的提出，是对厌氧氨氧化组合脱氮工艺的深度挖掘，是在实现稳定短程硝化之前的一种高效、节能的“补救”。相比于短程硝化-厌氧氨氧化，短程反硝化-厌氧氨氧化更容易控制，通过调节 C/N、温度和添加合适的碳源也可实现 NO_2^--N 的积累。

已有研究表明，在分段反应中的单一反应器内，模拟废水条件下进行的实验研究已经取得了很多成熟的研究进展，已经有成功短程反硝化的案例，主要在如下几方面，即参与反应的主要微生物种群、反应原理、不同情况下实现亚硝态氮积累的参数控制、不同的反应工艺流程（见图 5-1）、以短程反硝化为核心的各类耦合反应（见图 5-2）等。

随着研究的不断推进，短程反硝化-厌氧氨氧化在废水领域的单一反应器的研究逐渐取得成功案例，但在组合反应器下连续流短程反硝化废水处理的研究还很少见。笔者课题组利用 UASB-A/O-USB-ASBR 组合反应器，在连续流条件下处理垃圾渗滤液，先经过厌氧处理，再经过

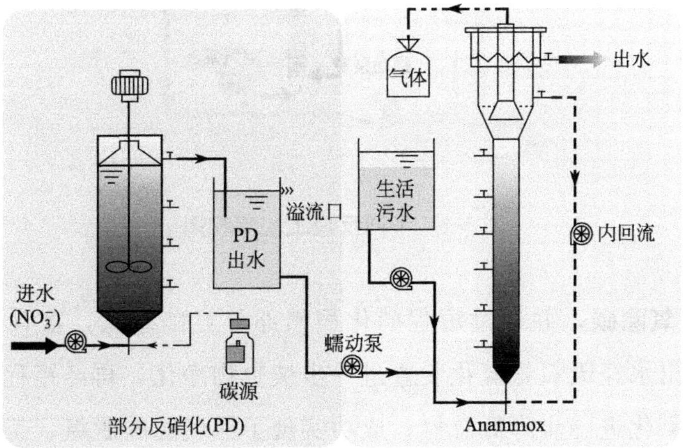

(a)

图 5-1

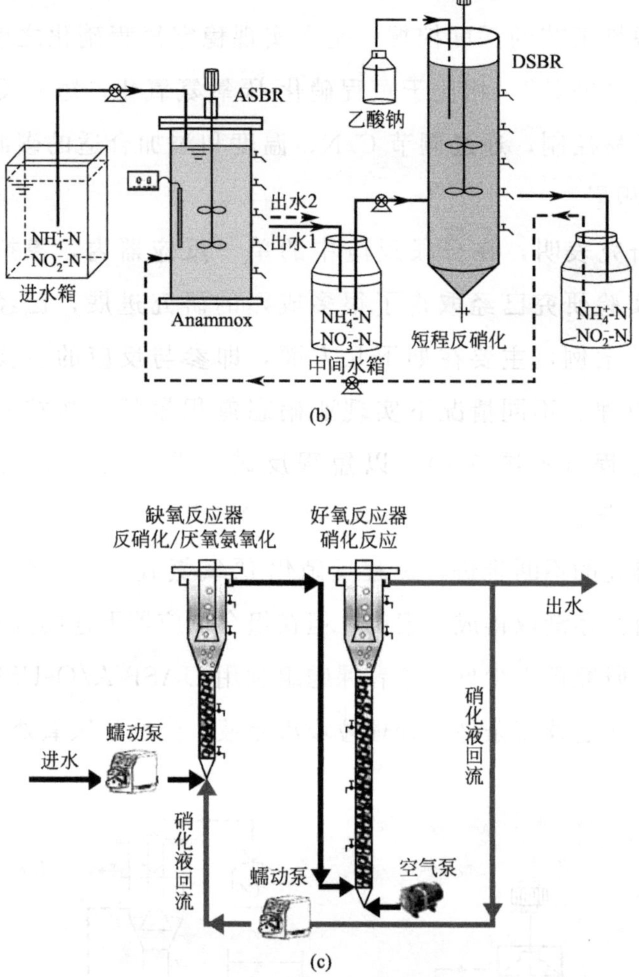

图 5-1 不同反应工艺流程图

A/O 缺好氧除碳，并通过短程硝化积累部分亚硝态氮，富含氨氮及亚硝态氮的出水经厌氧氨氧化装置进一步被生物净化，再经短程反硝化耦合厌氧氨氧化进一步降低总氮，成功实现了深度除碳脱氮。工艺流程详见图 5-3。

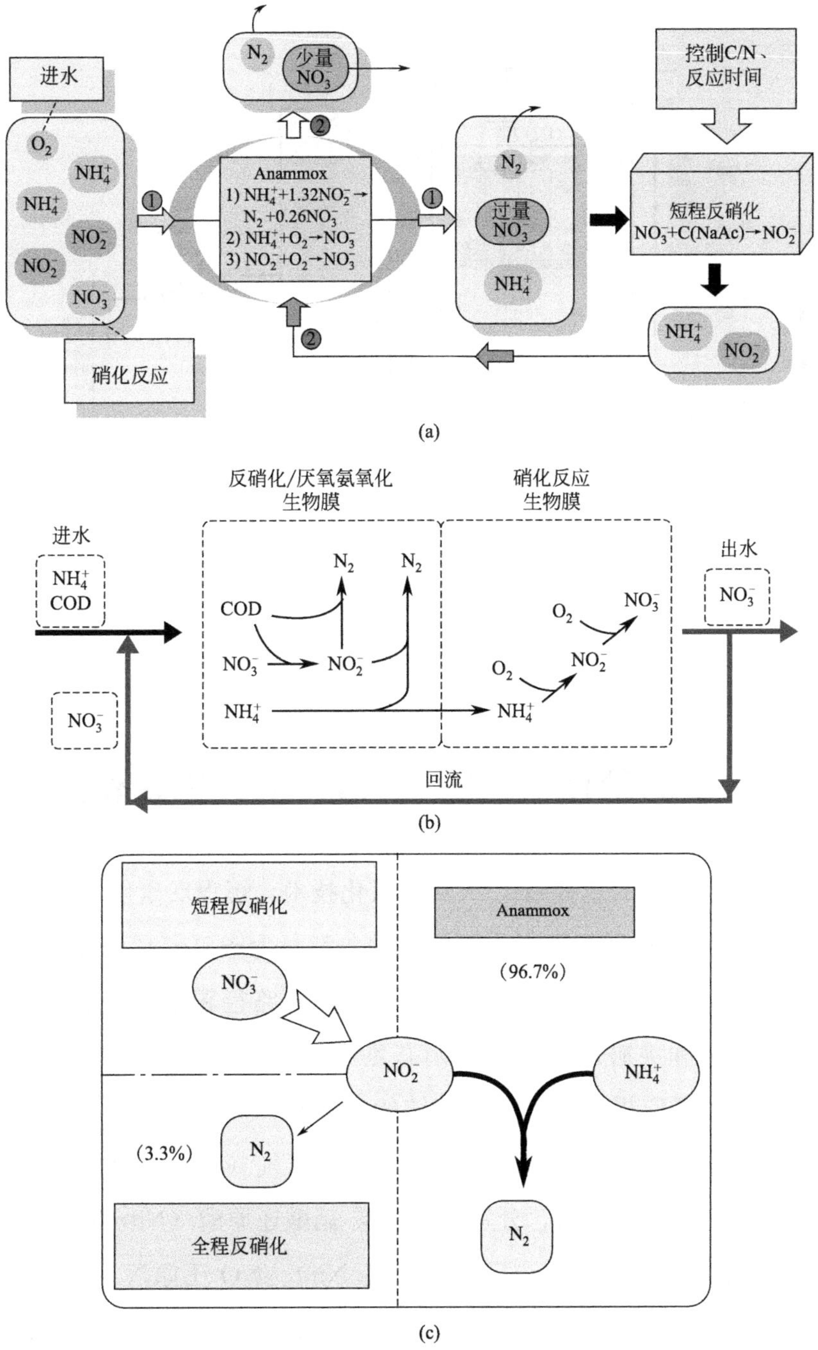
进水
O_2
NH_4^+
NH_4^+
NO_2^-
NO_2^-
NO_3^-
硝化反应
①
N_2
少量 NO_3^-
②
Anammox
1) NH_4^++1.32NO_2^-→ N_2+0.26NO_3^-
2) NH_4^++O_2→NO_3^-
3) NO_2^-+O_2→NO_3^-
①
N_2
过量 NO_3^-
NH_4^+
控制C/N、反应时间
短程反硝化
NO_3^-+C(NaAc)→NO_2^-
NH_4^+
NO_2^-
②
(a)
反硝化/厌氧氨氧化生物膜
硝化反应生物膜
进水
NH_4^+
COD
N_2
N_2
COD
NO_3^-
NO_2^-
NH_4^+
O_2
NO_3^-
O_2
NO_2^-
NH_4^+
出水
NO_3^-
NO_3^-
回流
(b)
短程反硝化
Anammox
(96.7%)
NO_3^-
NO_2^-
NH_4^+
(3.3%)
N_2
全程反硝化
N_2
(c)

图 5-2 耦合反应

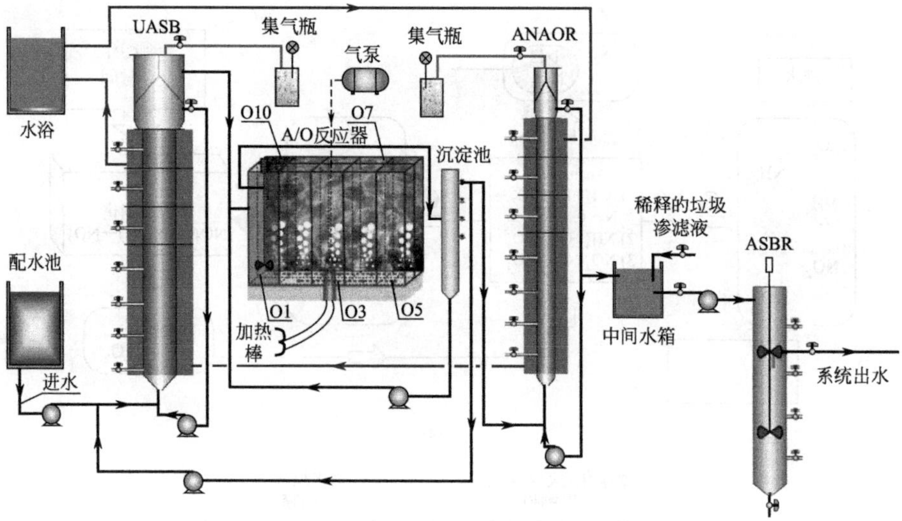

图 5-3 组合工艺流程图

O1—A/O 缺氧段第 1 格；O3—A/O 好氧段第 3 格；O5—A/O 好氧段第 5 格；O7—A/O 好氧段第 7 格；O10—A/O 好氧段第 10 格

5.1 短程反硝化-厌氧氨氧化的工艺原理和技术

对比如前所述的短程硝化-厌氧氨氧化技术，短程反硝化-厌氧氨氧化的实质和短程硝化-厌氧氨氧化是相同的，都是为厌氧氨氧化反应提供相应的基质，区别在于两种不同阶段、用不同的路径积累亚硝态氮。其工艺原理的创新和突破在于以去除硝态氮为目的，使亚硝态氮稳定积累，为厌氧氨氧化反应提供反应物。传统的反硝化一般是指硝态氮到亚硝态氮、一氧化氮（NO）、氧化亚氮（N_2O）和氮气（N_2）的还原过程，其每一步都有相应的酶参与，分别在亚硝酸-硝酸还原酶（Nitrate reductase，Nar）、亚硝酸还原酶（Nitrite reductase，Nir）、NO 还原酶（Nitric oxide reductase，Nor）和 N_2O 还原酶（Nitrous oxide reductase，Nos）的作用下完成。而短程反硝化厌氧氨氧化则是将传统的反硝化控制到第一步，即 NO_2^- 为终产物，不继续进行下一步的还原，厌氧氨氧化菌则以氨氮与短程反硝化生成的亚硝态氮为反应物，进行后续脱氮反应。

反硝化脱氮及短程反硝化脱氮简易流程如图 5-4 所示。

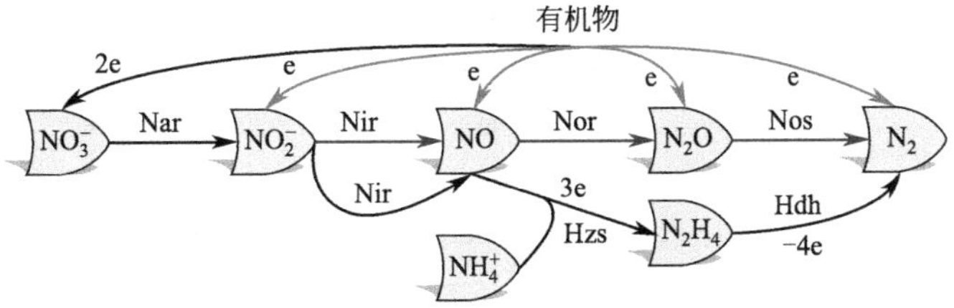

图 5-4 反硝化脱氮及短程反硝化脱氮简易流程

Nar—亚硝酸-硝酸还原酶；Nir—亚硝酸还原酶；Hdh—氧化 N_2H_4 的关键酶；

Hzs—联氨水解酶；Nor—NO 还原酶；Nos—N_2O 还原酶

从图 5-4 中可以看出，短程反硝化-厌氧氨氧化相比传统反硝化，省去了多步还原过程，因此具有较高的反应速率，并且外碳源耗量大大降低，相应的污泥产量也会大大减少。自从 20 世纪 90 年代厌氧氨氧化技术被发现后，短程反硝化将具有重要的研究意义和应用价值，其为厌氧氨氧化的电子受体 NO_2^- 提供了一种新的获取途径。但是关于短程反硝化能够实现亚硝态氮积累有 3 种层次结论，即种群说、酶说和反应速率说。

(1) 种群说

W. J. Payne 对反硝化的生物菌群进行了研究，他发现并不是所有的反硝化细菌都能进行亚硝态氮积累，异化硝酸盐还原的异养细菌可以分作两类，其中类群Ⅰ只含有 Nar，因而只能将硝酸盐还原成亚硝酸盐，而类群Ⅱ由于含有反硝化中的全部酶系，能将亚硝酸盐还原成氮气。能产生亚硝态氮积累的菌群的相关信息详见表 5-1。

表 5-1 可积累 NO_2^--N 的反硝化菌

反硝化菌	完全反硝化	培养条件	碳源
荧光假单胞菌 (*Pseudomonas fluorescens*)	是	T=5～15℃	乙醇
施氏假单胞菌 D6 (*Pseudomonas stutzeri* D6)	不是	pH 7.2～7.5， C/N=6.3～6.8	柠檬酸盐、 乙酸盐、 葡萄糖

续表

反硝化菌	完全反硝化	培养条件	碳源
葡萄球菌 (*Staphylococcus species*)	不是	pH=7.0,T=25℃	TSB 培养基
芽孢杆菌 (*Bacillus niacini*)	是	pH=7.0,T=26℃	TSB 培养基
敏捷食酸菌 (*Acidovorax facilis*)	不是	pH=7.5 和 8.5	乙酸盐
水柠檬酸杆菌 (*Citrobacter diversus*)	不是	pH=7.5 和 8.6	乙酸盐
无丙二酸柠檬酸杆菌 (*Citrobacter amalonaticus*)	不是	pH=7.5 和 8.7	乙酸盐
成团肠杆菌 (*Enterobacter agglomerans*)	不是	pH=7.5 和 8.8	乙酸盐
费氏耶尔森菌 (*Yersinia frederiksenii*)	不是	pH=7.5 和 8.9	乙酸盐
脱氮副球菌 (*Paracoccus denitrificans Strain* ATCC 19367)	不是	T=30℃	农药
球形红杆菌 (*Rhodobacter sphaeroides* 2.4.3)	是	T=30℃	SLB 培养基
球形红杆菌 (*Rhodobacter sphaeroides* 2.4.1)	不是	T=30℃	SLB 培养基
水生丛毛单胞菌 (*Comamonas aquatica* LNL3)	是	T=30℃	葡萄糖
索氏菌属 (*Thauera*)	是	T=12.7～29℃	乙醇

因此，如果某些因素可以抑制第Ⅱ类菌群的生长而对第Ⅰ类菌群影响不大时就会导致亚硝酸盐的积累。

(2) 酶说

反硝化反应过程的每个环节都需要特殊的还原酶参与，因此反硝化过程中所需各种还原酶的合成和活性会直接影响到反应过程中的各种产物的积累。M. Kornaros 等以单一菌种 *Pseudomonas denitrificans* 研究反硝化反应机理时发现，硝酸盐的存在对其他还原酶有一定的抑制作用，从而导致了亚硝酸盐积累。D. R. Williams 等研究 *Pseudomonas aeruginosa* 反硝化过程中生长和主动运输的参数时发现了亚硝酸盐短暂的积累现象，同时他证明这种短暂的积累现象是由于 Nir 的合成要晚于 Nar 所造成的。

（3）反应速率说

当硝酸盐的还原速率小于或等于亚硝酸盐的还原速率时，反应过程中不会产生亚硝酸盐的积累，反之则会在反应过程中出现亚硝酸盐的积累现象。MichaelR. Betlach 等使用单一菌种研究反硝化过程中各种中间产物的积累时发现：硝酸盐并不对亚硝酸盐的还原产生直接的抑制作用，亚硝酸盐的积累仅是由于硝酸盐和亚硝酸盐还原速率的不同所引起的。

以上 3 种理论从不同的角度切入分析，为后续研究、实践提供了可控制亚硝态氮积累的理论基础。

目前以该技术为核心或侧流技术的工艺有多种形式，但大都停留在实验室阶段，应用成功的案例较少。主要有两类：一类是在一个反应器内发生的氮循环的一体式单极系统工艺；另一类是一个提供亚硝态氮的反应器串联 Anammox 反应器分体系统联合工艺，这种情况下又分为两种，一种是作为核心技术的短程反硝化的反应器串联 Anammox 反应器分体系统联合工艺，另一种是作为侧流技术的短程反硝化对短程硝化-厌氧氨氧化反应产生的硝态氮进行的循环降解。两种工艺各有其优劣，一体式工艺可以节约建造成本、结构更加紧凑、装置运行简单便于控制，并且在微生物优势菌种生长得当时，短程反硝化产生的亚硝态氮可以随即参与 Anammox 反应，能有效避免因亚硝酸盐累积造成的抑制，能够提高工艺单位体积的脱氮速率。但是一体化工艺存在一个很棘手的问题，不易启动，启动时间长，反应器内微生物菌群的生态关系复杂，或竞争或合作或抑制，厌氧氨氧化菌对环境敏感，竞争能力弱，易受影响；另外整个系统经受负荷冲击时易失稳，导致出水水质不稳定，且系统受扰紊乱后恢复时间也长。与一体式工艺相比，分体式工艺中的两反应器可单独进行灵活和稳定的调控，微生物菌群关系相对简单，便于培养驯化出各自的反应器的优势菌种，调控 Anammox 反应器内的基质比，整体的处理出水效率更高、水质更稳，系统受到冲击后恢复速度快；此外，由于短程反硝化阶段能消耗有机物，削减部分毒物，避免其直接进入 Anammox 反应器，所以更适合处理含有毒物质和有机物的废水。当处理高氮废水时，分体式工艺的运行成本较低，可弥补基建的高投资。因此，这两种工艺各有利弊，实际应用时需根据具体情况选用合适的工艺。

5.2 短程反硝化-厌氧氨氧化工艺的实现并稳定维持的影响因素分析

随着新型脱氮技术领域内的研究人员的不懈努力，初步得到了短程反硝化-厌氧氨氧化工艺的实现并稳定维持的影响因素，如第 2 章所述，在此不做赘述。本章主要介绍反硝化亚硝态氮积累的实现和稳定维持相关影响因素。反硝化过程 NO_2^--N 积累的直接原因是 NO_2^--N 的还原速率小于 NO_3^--N 的还原速率，一般情况下 NO_2^--N 的还原速率都大于 NO_3^--N 的还原速率，因此反应过程不会出现 NO_2^--N 的积累。但在实际运行过程中，NO_2^--N 积累的现象见诸报道，为了实现并稳定维持短程反硝化的亚硝态氮积累，可以通过控制环境因子调控相关运行参数。本节主要从温度、DO、pH 值、C/N、碳源类型、NO_3^--N 浓度和其他因素等方面进行介绍。

(1) 温度

温度对微生物的影响很大，主要通过抑制微生物的酶活性影响微生物的生长速率。温度对反硝化过程中的 NO_2^--N 积累有主要影响。研究发现，在自然界中，如河流流态平稳时夏天河底的 NO_2^--N 积累浓度远比冬天的要高。在实验条件下，李杰研究团队在吡啶的反硝化过程研究中发现，在高温 35℃和低温 15℃时，NO_2^--N 的积累程度可高达 90%

以上，而25℃时的NO_2^--N积累程度只有74.38%，这说明在适宜温度时NO_2^--N的积累程度稍低，原因可能是相对于硝酸盐还原酶，亚硝酸盐还原酶对温度更为敏感，一旦温度不适宜，其受到的抑制作用要大于硝酸盐还原酶，进而造成NO_2^--N的积累。有研究人员用实验配水做了NO_2^--N反硝化与NO_3^--N反硝化积累NO_2^--N的实验研究，以沉淀池污泥作为种泥，发现在29℃时NO_3^--N反硝化积累亚硝态氮的效率和量可以实现最大化，且短程反硝化的菌种被驯化速度要优于亚硝态氮反硝化菌种的速度，但NO_2^--N较NO_3^--N不稳定，通过温度控制淘选、优化短程反硝化菌是非常可行的。不同的反硝化菌种对温度有不同的适应性，不同的菌群结构、工艺样式也会影响其对环境的适应性。为了实现短程反硝化的稳定亚硝态氮积累，在实验研究阶段可将温度控制在29℃以上。

（2）溶解氧

溶解氧会抑制细菌中亚硝酸-硝酸还原酶（Nar）、亚硝态氮还原酶（Nir）的活性，而Nir受到溶解氧的抑制作用要大于Nar，所以当没有溶解氧存在时会发生亚硝酸盐的积累。而且溶解氧可以充当电子受体，从而竞争性地阻碍了硝酸盐的还原，但较高浓度的氧气也会促使大量的NO_2^--N产生，分析原因主要是存在一类反硝化菌种，由于NO_2^--N还原酶的分泌对氧气比较敏感，只有当系统中氧气浓度低于2μmol/L时，才会分泌NO_2^--N还原酶。

（3）pH值

反硝化是由各种酶参与的还原过程，pH值对酶的活性有很大的影响，不同的酶一般具有不同的最佳pH值，因此在特定pH值下，NO_3^--N还原酶和NO_2^--N还原酶的活性可能存在一定的差异，通过调控pH值，可将反应主要控制还原到亚硝态氮，从而诱导NO_2^--N的积累。Glassand Silverstein以处理高浓度NO_3^--N废水污泥为研究对象，发现在初始NO_3^--N浓度为2700mg N/L，pH值为7.5、8.5和9.0时，反硝化过程NO_2^--N最大积累量随着 pH 值的提高而增加，分别达到 250mg N/L、500mg N/L 和 900mg N/L。然而，Cao 在低浓度 NO_3^--N 废水（50mg N/L）的小试研究中发现，低 pH 条件下更利于 NO_2^--N 的积累。国外研究者在对 NO_3^--N 竞争性抑制 NO_2^--N 的还原并造成积累进行了动力学方面的模拟研究时指出，NO_2^--N 的积累随 pH 值不同而不同，当 pH 值处于 4.5～7.0 时 NO_2^--N 积

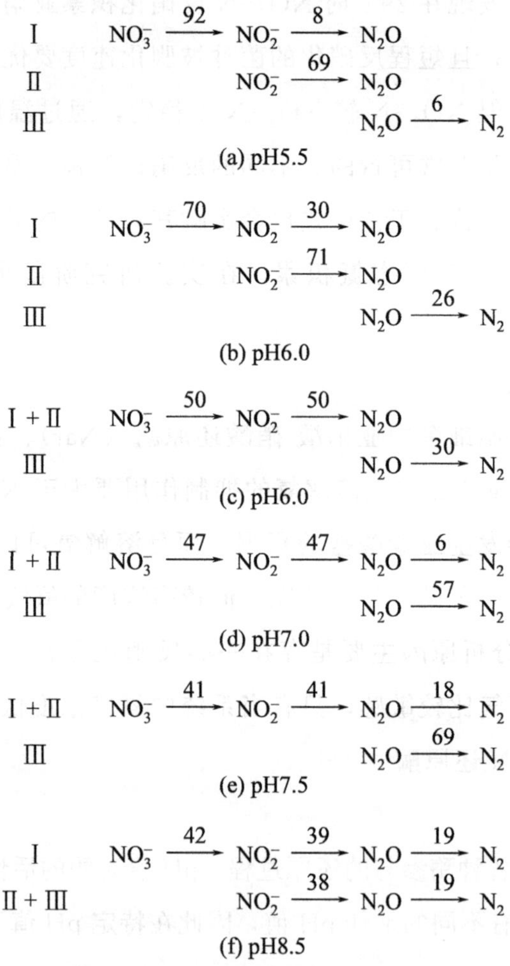

图 5-5 pH 值对反硝化过程的影响

注：阶段Ⅰ指所有的 NO_3^--N 被转化的过程；阶段Ⅱ指所有的 NO_2^--N 被转化的过程；阶段Ⅲ指所有的 N_2O 被转化的过程。箭头上方的数字表示转化率（%）。

累量与 pH 值成反比，详见图 5-5。不同的研究者由于考察对象及条件不同，结果存在很大的差异。后有研究者提出，在短程反硝化条件下，pH 值主要通过影响游离亚硝酸的方式影响反硝化的速率。而在偏碱性条件下，HNO_2 不易生成，从而减小了其对微生物的抑制作用。这说明该菌种更适宜在碱性条件下生长，在中性条件下生长时便会受到 FNA 的抑制。在实现短程反硝化的稳定亚硝态氮积累时可将 pH 控制在偏碱性条件。

(4) C/N

C/N 对于短程反硝化反应是至关重要的影响因素，C/N 会影响 NO_3^--N 与 NO_2^--N 对碳源的竞争以及溶解氧，进而影响 NO_2^--N 的积累。C/N 偏低，则碳源有限，NO_2^--N 还原酶和 NO_3^--N 还原酶竞争电子，并且 NO_2^--N 还原酶往往处于劣势，将造成出水中 NO_2^--N 积累。在以乙酸盐为碳源的反硝化试验中发现，在 C/N 为 2.0～3.0 时，反硝化过程无 NO_2^--N 积累，但当 C/N 降低至 1.0 时，50%以上的 NO_3^--N 被转化为 NO_2^--N。经过 8～9h 的内源反硝化后，仍有 29%的初始硝态氮以 NO_2^--N 的形态继续存在。当乙酸不足时会有 NO_2^--N 的积累。这是因为当碳源不足时 NO_3^--N 去除速率比碳源过量时的速率显著增加。学者们经过大量的实验，还发现 C/N 为 2.5 时能实现较好的亚硝态氮的积累，为了实现短程反硝化的稳定亚硝态氮积累，可将 C/N 控制在 3 以下。

(5) 碳源类型

碳源类型对反硝化速率和反硝化中间产物有重要的影响，不同研究者由于所考察的反硝化种泥的差异，研究结果也具有很大的不一致性。有研究者以运行 2 年的分段进水 A/O 反应器污泥为考察对象，研究了乙酸盐、甲醇和葡萄糖 3 种碳源反硝化过程 NO_2^--N 的积累情况，结果表明以葡萄糖为碳源的反硝化系统亚硝酸产生量最大；研究反硝化菌 *Pseudomonas stutzeri* 在不同碳源（葡萄糖、乙酸盐、柠檬酸盐）条件下的 NO_2^--N 积累特性，同样得到了以葡萄糖为碳源的反硝化系统亚硝酸产生量最大。但也有研究者以处理垃圾渗滤液的 SBR 反应器污泥为研究对象时，发现甲醇、乙醇、乙酸钠和丙酸钠为碳源的反硝化过程都出现较高的NO_2^--N积累，但以葡萄糖为碳源时反应过程却无NO_2^--N积累的现象，这些研究结果的不一致性，除了不同的群落结构、环境因子的影响外，C/N是导致其不同的主要原因。为了实现短程反硝化的稳定亚硝态氮积累，在选择碳源时优选提供电子较多的碳源。

(6) NO_3^--N浓度

硝酸盐与亚硝酸盐对二者共同的电子供体（碳源）的竞争是造成亚硝酸盐积累的原因之一，硝酸盐与亚硝酸盐之间存在竞争关系，而且亚硝酸盐的还原与硝酸盐限制因素成线性关系。

(7) 其他因素

有毒有害物质对反硝化过程NO_2^--N的积累也具有较大的影响，这可能是由于有毒有害物质改变了菌种的活性，有学者考察了杀虫剂的应用对反硝化菌 *Paracoccus denitrificans strain* ATCC19367 活性的影响，结果表明投加有机磷杀虫剂乐果和杀扑磷的反硝化系统，在培养72h后检查到高浓度的NO_2^--N积累，这可能是由于杀虫剂对NO_2^--N还原酶产生了较强的抑制作用。在实际短程反硝化工艺中，这类添加剂要慎用，可以根据系统内菌种的特性，适当通过其他影响因素实现短程反硝化的稳定亚硝态氮积累。

实现短程反硝化的亚硝态氮稳定积累，是实现短程反硝化厌氧氨氧化工艺的先决条件。选择适合系统的参数，优化参与反应菌种，保证足够的反应基质，即可实现亚硝态氮的稳定积累。厌氧氨氧化工艺稳定运行脱氮的主要影响因素有环境因素（DO、pH值、温度等）和底物浓度（有机物、基质、磷酸盐、金属离子等）。此外，还可以通过污泥龄和HRT的控制对菌种进行筛选，实现厌氧氨氧化工艺的稳定运行（详见第2章所述）。

第6章 电氧化强化去除垃圾渗滤液中的氨氮及难降解有机物

电氧化技术（Electrochemical Oxidation Technology）是一种环境友好型技术，其在废水处理领域越来越受到人们的关注。该技术应用于废水处理最早可追溯到19世纪，英国人尝试用铁电极处理城市污水。随后，美国用电化学方法处理含油污水，并取得了相应专利。但当时电力缺乏，成本偏高，使得其发展缓慢。直到20世纪80年代，随着电力工业的快速发展，处理成本大大降低，电化学技术得到广泛的研究并成为最有竞争力的废水处理方法。

电氧化技术的优点主要包括以下几个方面。

（1）无二次污染或少污染

一方面电氧化过程中，唯一使用的“试剂”是电子，无需另外添加各类氧化还原剂，避免因添加药剂而引起二次污染；另一方面，降解过程中产生氧化性极强的自由基（如羟基自由基）无选择地与废水中的污染物直接进行反应，几乎没有外排污染物。

（2）适用于工业扩大化应用

常温常压下运行，反应条件温和，能量效率高，设备极其简单，占地面积小，易操作，可控制性强；易于与其他技术（生物法、臭氧氧化法等）联合；同时兼具杀菌作用，处理后的水可保存较长时间。

就运行稳定性来看，生物法、臭氧氧化法、次氯酸钠氧化法及电化学氧化法的运行稳定性较高，而反渗透技术的运行稳定性较差，主要是由于随着反渗透技术的运行，反渗透膜被污染降低了膜通量，影响处理效率。就外加药剂来看，生物法主要利用微生物对污染物质进行降解，无需额外添加药剂。臭氧在碱性条件下分解产生羟基自由基的速度快，有利于污染物的降解，但往往需要投加液碱调节废水的 pH 值。次氯酸钠氧化法需投加大量次氯酸钠药剂，利用次氯酸的强氧化性对污染物进行降解。反渗透膜对进水要求很高，必须添加杀菌剂（NaClO）以杀死进水中的细菌、微生物，防止细菌、微生物的生长繁殖对反渗透膜元件的侵蚀、污堵，杀菌剂杀菌后残余的余氯需要通过添加亚硫酸钠（Na_2SO_3）来去除，防止反渗透膜被氧化损坏；此外，还需添加阻垢剂，防止盐类（主要是 Ca、Mg）在反渗透膜表面沉淀结垢，影响反渗透膜的透水率。电化学氧化实质是一种加速电极与电解质界面上的电荷转移的电催化反应，污染物直接与阳极进行电子传递而去除或被在阳极附近产生的具有氧化活性的物质（如羟基自由基）氧化而去除，不需要人为添加各类氧化还原剂。就二次污染来看，生物法分别将有机污染物和氨氮降解为无污染的二氧化碳、水和氮气。臭氧氧化法中，水中剩余的臭氧能很快自然分解为氧气，但在实际废水处理过程中臭氧往往不能百分之百被废水吸收利用，所以在剩余的尾气中还含有一部分的臭氧，若是直接排入大气就会污染环境，危害人体健康。次氯酸钠氧化法通过投加次氯酸钠来氧化污染物，使得出水中氯离子含量增加。通常情况下，反渗透工艺的实际产水率不足 70%，约有 30%的浓水，反渗透浓水中污染物含量高，需要进一步处理，进而增加了反渗透技术的运行成本。电化学氧化法在处理过程中产生氧化性极强的自由基，可以无选择性地降解废水中的污染物，没有或很少产生二次污染；此外，无需另外添加氧化还原剂，避免了外加药剂引起的二次污染问题。

6.1 电氧化去除垃圾渗滤液中的氨氮及难降解有机物的工艺原理和技术

垃圾渗滤液有很多种去除的方法，如物理法、化学法和生物法等，其中生物处理技术仍被认为是主要的垃圾渗滤液处理工艺。因为，相比于其他方法，生物处理技术更加经济和节能，处理成本更低。而且生物处理技术不仅可以去除垃圾渗滤液中的有机物，还可通过硝化-反硝化或厌氧氨氧化技术实现垃圾渗滤液中氮素的深度去除。然而，由于垃圾渗滤液本身的水质特点，现有的垃圾渗滤液生物处理技术远不能经济有效地去除垃圾渗滤液中的高浓度有机物和氮。

生物法处理垃圾渗滤液目前的主要技术难点就是难降解有机物的去除与反硝化过程缺乏碳源而需额外投加碳源。垃圾渗滤液水质、水量变化较大，系统常常忍受不了过大的冲击负荷而崩溃。其中，早期垃圾渗滤液有机物浓度高，BOD_5 与 COD_{Cr} 比值约为 0.4～0.6，晚期垃圾渗滤液有机物浓度降低，腐殖质增加，NH_4^+-N 浓度增大，BOD_5 与 COD_{Cr} 之比将降至 0.2 以下。因此，目前仅用生物法处理垃圾渗滤液其出水 COD_{Cr} 通常仍有 500～1000mg/L 的难降解有机物，远不能满足排放标准要求；同时，在反硝化阶段还经常需要额外投加碳源，大大增加了运行成本。

而在实际工程中为了强化对难降解有机物的去除，常辅助增加一些后处理工艺，如双膜法“超滤＋反渗透”、高级氧化、混凝等工艺等。但这些后处理工艺不可避免的问题是大大地增加了垃圾渗滤液的处理成本和能源消耗，特别是双膜法还存在产生“浓水”的问题，且“浓水”处理更加困难，造成了二次污染。例如，Shrawan K. Singh 等曾用 Fenton 法降解垃圾渗滤液中的难降解物质，需要投加大量的 Fenton 试剂，导致处理成本很高，无法实现大规模工程应用。

电氧化（Electrochemical Oxidation，EO）工艺是一个潜在的经济、高效地处理难降解物质的工艺，是目前处理难降解有机物被大家都很看好的工艺之一。Fernandes等用电氧化工艺处理垃圾渗滤液取得了不错的效果。然而，电极材料强烈影响着电氧化工艺的处理效能。Panizza等研究表明，电氧化工艺的电极材料选择抗腐蚀性的和低吸收的比较好。有研究表明，一些如Pt、IrO_2和RuO_2等活跃的电极和一些不活跃的如PbO_2和SnO_2电极可以提供催化部位。对于垃圾渗滤液电氧化工艺而言，不活跃的电极更适合，因为其更高效和具有强的氧化性更易促进氧化物（如羟基）的形成。因此，SnO_2被我们认为是一种比较理想的处理垃圾渗滤液电氧化工艺的电极材料。

电化学氧化是当前世界水处理领域内的一种新型水处理方法，污染物质可以在电极上直接发生电化学反应或与电极表面产生的强氧化性物质（如·OH）进行氧化还原反应。近年来，由于一些传统处理方法，如生物处理法在某些高浓度或水质复杂的废水处理方面效果有限，所以电化学氧化法被研究作为可能的替代方法。该方法有很好的工业化应用前景，具有其他高级氧化技术无法相比的特点：

① 反应过程中无需添加氧化剂，几乎不会造成二次污染；

② 能量利用率高，不需要激烈的反应条件，通常为常温常压；

③ 可以同时完成气浮、絮凝和杀菌，能够有效去除细菌；

④ 反应装置不复杂，应用灵活，可控性强，易于自动化，处理成本不高。

该方法的研究对象主要为高浓度氨氮废水，如垃圾渗滤液、电厂废水和污泥消化液等。电氧化去除氨氮主要有直接氧化和间接氧化两种氧化方式。直接氧化主要是通过电极析氧作用产生的·OH氧化氨氮，但在有Cl^-存在的情况下·OH的浓度在10～15mol/L的数量级作用，直接氧化作用较小。间接氧化作用需要电极析氯作用产生的氧化剂HOCl来参与反应，其反应过程如下列方程所示：

阳极：$2Cl^- \longrightarrow Cl_2 + 2e$ (6-1)

阴极：$2H_2O + 2e \longrightarrow H_2 + 2OH^-$ (6-2)

溶液：$Cl_2 + H_2O \longrightarrow HOCl + Cl^- + H^+$ (6-3)

$$2NH_4^+ + 3HOCl \longrightarrow N_2 + 3H_2O + 5H^+ + 3Cl^- \qquad (6\text{-}4)$$

在实际工程上也有将垃圾渗滤液与市政污水合并处理的实例。在实际中污水厂混入垃圾渗滤液将会对其工艺系统造成较大的冲击负荷，因此，更多的是将城市污水引入到垃圾渗滤液处理中来。不过，少量的研究结果表明所获得的污染物的去除率也不高，如 COD_{Cr} 仅在 80%～92%之间。

为有效处理晚期垃圾渗滤液，并降低处理成本，本研究拟采用厌氧-缺氧/好氧-厌氧氨氧化-电氧化（UASB-A/O-ANR-EO）四段组合工艺，试图利用前置反硝化-短程硝化-Anammox-电氧化联用技术实现 COD_{Cr}、NH_4^+-N 和 TN 的同步、深度去除。

电化学高级氧化作为最终出水的把关工艺取代常用的双膜法，在保证处理效果的前提下可大大降低垃圾渗滤液的处理成本。

6.2 电氧化去除垃圾渗滤液中的氨氮及难降解有机物的研究实例

袁芳从电氧化法处理垃圾渗滤液的实际问题出发，针对老龄垃圾渗滤液中高氨氮、难降解的特点，分别对模拟氨氮废水、模拟有机废水以及实际垃圾渗滤液 3 种废水展开研究，考察电极材料、电流密度、氯离子浓度、pH 值、电极间距、电解时间等因素对氨氮和 COD 等物质的去除效果的影响，分析氨氮电化学氧化的反应动力学及降解过程中氮和氯的变化。分析电化学氧化法处理实际垃圾渗滤液的能耗，对 Ti/RuO_2-IrO_2-TiO_2 阳极使用前后进行扫描电镜（SEM）和 X 射线衍射（XRD）表征。主要研究结果如下。

① 针对不同的水质，不同电极材料对废水中氨氮和 COD 的氧化有较大影响。Ti/RuO_2-IrO_2-TiO_2 电极对模拟氨氮废水和垃圾渗滤液有较好的氧化效果，而 Ti/PbO_2 电极对模拟有机废水的氧化效果较好。

② 以 Ti/RuO_2-IrO_2-TiO_2 电极为阳极，增大电流密度和氯离子浓

度将提高氨氮的氧化速率，但当电流密度超过一定值时，其电流效率将下降。弱碱性条件下，有利于 $Cl^- \rightarrow Cl_2 \rightarrow ClO^- \rightarrow Cl^-$ 循环，从而有利于氨氮的氧化去除。阳离子（Ca^{2+}、Mg^{2+}、Al^{3+}、Fe^{2+}）对氨氮去除的影响比较小。阴离子中 NO_3^- 对氨氮去除的影响较小，NO_2^- 的氧化优先于氨氮的氧化，CO_3^{2-} 由于在体系中可形成缓冲体系，从而可促进氨氮的氧化，SO_4^{2-} 和 PO_4^{3-} 会吸附在电极表面，阻碍电极对氯离子的吸附，使得氨氮氧化速率下降。

③ 在配水氨氮初始浓度为 500mg/L 时，氨氮电化学氧化的优化操作条件为：采用 Ti/RuO_2-IrO_2-TiO_2 阳极，电流密度 $15mA/cm^2$，氯离子浓度 4000mg/L，极板间距 2cm，初始 pH 为中性。电解 2h 后氨氮的去除率可达 99.9%。氨氮的电化学氧化符合一级动力学规律。

④ 氨氮的间接氧化过程中，产生的硝酸盐氮和亚硝酸盐氮非常少，大部分氨氮转化成氮气逸出。控制 pH 值与不控制 pH 值对自由氯及氯胺的产生具有较大影响，不控制 pH 值时，电解过程中主要的氯胺为三氯胺；当电解过程中控制 pH 值在 7.5 左右时，主要为一氯胺和自由氯。

⑤ 电化学氧化能有效去除垃圾渗滤液中的氨氮和 COD，并提高渗滤液的可生化性。采用 Ti/RuO_2-IrO_2-TiO_2 电极为阳极，在电流密度 $30mA/cm^2$、氯离子浓度 5000mg/L、电极间距为 2cm、pH 值为 8 的条件下，电解 6h 后，NH_4^+-N、COD 和色度的去除率分别为 99.9%、49.1%和 90%，BOD_5/COD 由 0.1 提高到 0.25，NH_4^+-N、COD 的比能耗分别为 91.8kW·h/kg NH_4^+-N 和 146.35kW·h/kg COD。

⑥ Ti/RuO_2-IrO_2-TiO_2 电极具有较好的稳定性。以 Ti/RuO_2-IrO_2-TiO_2 电极为阳极，增大电流密度和氯离子浓度可提高垃圾渗滤液中 NH_4^+-N 和 COD 的去除率，弱碱性条件下有利于垃圾渗滤液的氧化，极水比对 NH_4^+-N 和 COD 的去除效果影响不大，但是增大极水比可减小电压，从而降低能耗。稀释倍数对 NH_4^+-N 去除的影响不大，但不利于 COD 的去除。

李伟东等采用电解槽对垃圾渗滤液进行电解催化处理研究，考察不同极板间距、电流密度以及氯离子浓度等对电解效果的影响。结果表明，极板间距为 1.0cm，电流密度为 10A/dm^2，氯离子质量浓度为 6000mg/L 时，该法对中等浓度垃圾渗滤液中的 NH_4^+-N 具有较好的处理效果，NH_4^+-N 去除率可达 97.3%。Peterson 等使用 TiO_2-RuO_2 钛电极，在 11.60A/dm^2 电流强度下电解垃圾渗滤液。180min 后，COD 去除率为 73%，TOC 去除率为 57%，脱色率为 86%，NH_4^+-N 去除率为 49%。李庭刚等对无锡桃花山垃圾填埋场的垃圾渗滤液进行研究，发现用 RU-IR/Ti 合金板为阳极，在添加氯离子浓度为 4000mg/L，极板间距为 10mm，电流密度为 10A/dm^2，pH 值为 8，初始温度为 50℃的条件下电解处理初始 COD 为 11450mg/L，NH_4^+-N 浓度为 2756mg/L 的渗滤液 4h，可使垃圾渗滤液的 COD、NH_4^+-N 和色度的去除率分别达到 88%、100%和 98%，电流效率达到 84%。

笔者的课题组针对电氧化技术去除垃圾渗滤液中难降解有机物进行了深入的研究，我们采用 UASB-A/O-ANR-EO 组合工艺处理垃圾渗滤液，工艺流程如图 6-1 所示。试验共进行 90d，流量为 3.0L/d。

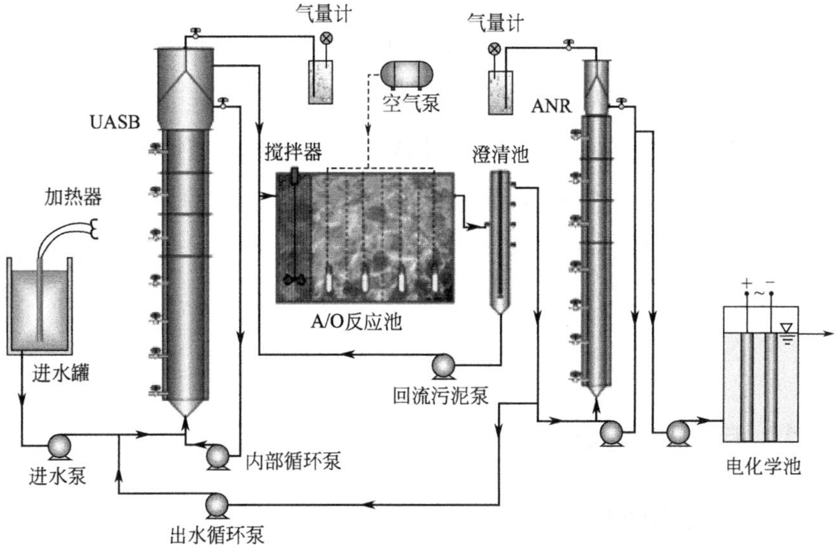

图 6-1　UASB-A/O-ANR-EO 系统流程图

该工艺运行模式如下：首先将城市污水与垃圾渗滤液混合，混合后提高了垃圾渗滤液的可生化性及C/N，减少了高浓度的NH_4^+-N对微生物的毒性作用；之后该混合液作为系统进水进入到UASB反应器中，在UASB中，通过同步反硝化高效降解COD_{Cr}和脱除部分氮；在A/O中完成短程硝化，为后续的Anammox反应器提供NO_2^--N；A/O反应器出水进入到ANR中，通过厌氧氨氧化自养去除NH_4^+-N和NO_2^--N；生化段出水即ANR出水进入电氧化装置去除难降解有机物。电氧化装置选用Ti/SnO_2-Sn_2O_5电极，该装置作为整个生化处理的后处理装置去除难降解有机物，保证了出水效果。EO连接着一个电池测试系统。泡沫镍电极作为阴极，反应区为$200cm^2$，该电氧化装置的电流强度是$6mA/cm^2$、$10mA/cm^2$和$12mA/cm^2$，每个周期的能耗是$10kW \cdot h/m^3$，每批反应时间为40～80min左右。电氧化出水为最终系统出水，其难降解有机物可以大部分去除，出水满足垃圾渗滤液处理的国家排放标准要求。

笔者课题组还采用荧光光谱进行了光谱检测。通过以5nm为增量增加激发波长，从260nm到550nm扫描发射光谱得到光谱激发发射矩阵（EEM）光谱。保持在5nm的激发和发射的缝隙维持在5nm，扫描速度为2400nm/min。此外，我们还通过基于Anammox功能基因的分子生物学技术，利用实时定量聚合酶链式反应（PCR）检测Anammox功能基因数量等，在微观角度证明Anammox菌的富集程度从而表征其高效运行。本课题组的该项研究将为垃圾渗滤液的低碳高效处理提供有效的技术策略与可靠手段，并丰富了处理难降解有机物的理论体系。

6.2.1 有机物和氮的降解

6.2.1.1 有机物的降解

整个组合工艺系统稳定后COD_{Cr}变化如图6-2所示。

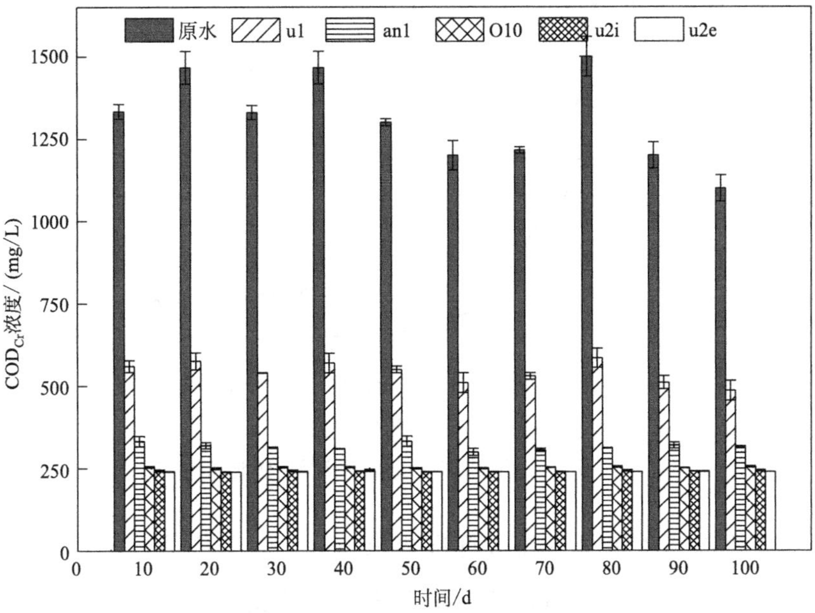

图 6-2 系统 COD_{Cr} 的变化

u1——一级 UASB 出水；an1——一级 Anammox；O10—A/O 好氧段第 10 格；

u2i—二级 UASB 进水；u2e—二级 UASB 出水

本试验系统进水 COD_{Cr} 平均浓度在 1310mg/L，经过在 UASB 中反硝化、厌氧降解和出水回流稀释，其出水 COD_{Cr} 平均为 542mg/L。在 A/O 反应器中，由于回流污泥的进一步稀释，COD_{Cr} 平均进水为 316mg/L，出水 COD_{Cr} 为 253mg/L。ANR 的进水 COD_{Cr} 平均为 242mg/L，其出水 COD_{Cr} 平均在 241mg/L，基本进出水变化不大，表明在 ANR 中 COD_{Cr} 基本难以降解，无法经过反硝化去除。

图 6-3 结果表明，Ti/SnO_2-Sn_2O_5 电极能有效降解生化尾水中的难降解有机物。图 6-3 中，电流强度分别为 $6mA/cm^2$、$10mA/cm^2$、$12mA/cm^2$，耗电量为 $10kW \cdot h/m^3$。电化学氧化的效率随电流密度增加而增加。本研究结果表明，$6\sim12mA/cm^2$ 的电流密度已足够降解垃圾渗滤液生化出水后尾水中的 COD_{Cr}，且在控制耗电量为 $10kW \cdot h/m^3$ 的情况下，处理后 COD_{Cr} 在 50～100mg/L，平均 70mg/L，完全达到

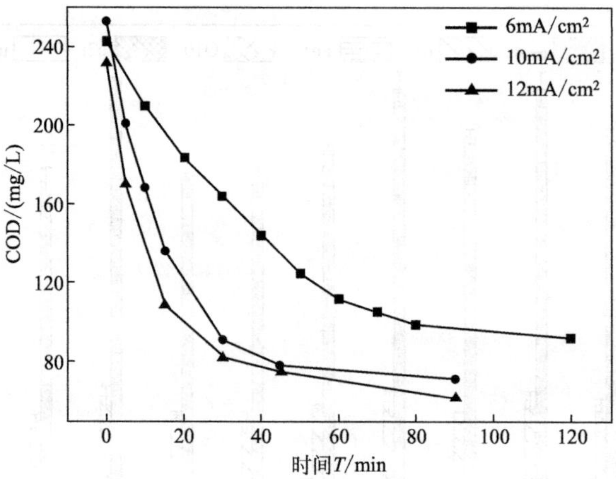

图 6-3 电化学氧化处理生化后渗滤液中难降解 COD_{Cr}

了现行垃圾渗滤液处理的排放标准要求。高电流密度使电极两段槽压升高，一方面阳极电势升高，产生更多强氧化性物质，如羟基自由基，能够有效提升电极氧化性能；但另一方面，由于控制总能耗，高电流密度降低反应时间，并且由于副反应增加（如产生 O_3、O_2 和 Cl_2 等）会降低电流效率。试验结果表明，$10mA/cm^2$ 的电流密度较适于垃圾渗滤液生化尾水的电氧化处理。

图 6-4 显示了针对不同样品中溶解性有机物进行的三维荧光光谱扫描结果。图 6-4 中有 5 种类型的荧光峰。B 峰和 S 峰被称为类蛋白质峰，分别位于发射（Ex/Em）波长的 225nm/295nm 和 230nm/345nm。T 峰集中在 Ex/Em 波长 275nm/340nm，表征的是相关的可溶性微小的副产物。正如前面所提到的，这 3 个峰（B 峰、S 峰和 T 峰）都属于类蛋白峰，表示的是可生物降解的有机物。第 4 类峰为 A 峰，表征富里酸等化合物，其出现的 Ex/Em 波长在 240nm/415nm。最后一类峰为 M 峰，观察到 Ex/Em 波长是 325nm/410nm；该峰的存在表征的是腐殖酸等物质。上述这两种荧光峰（A 峰和 M 峰）表明其为难降解有机物。

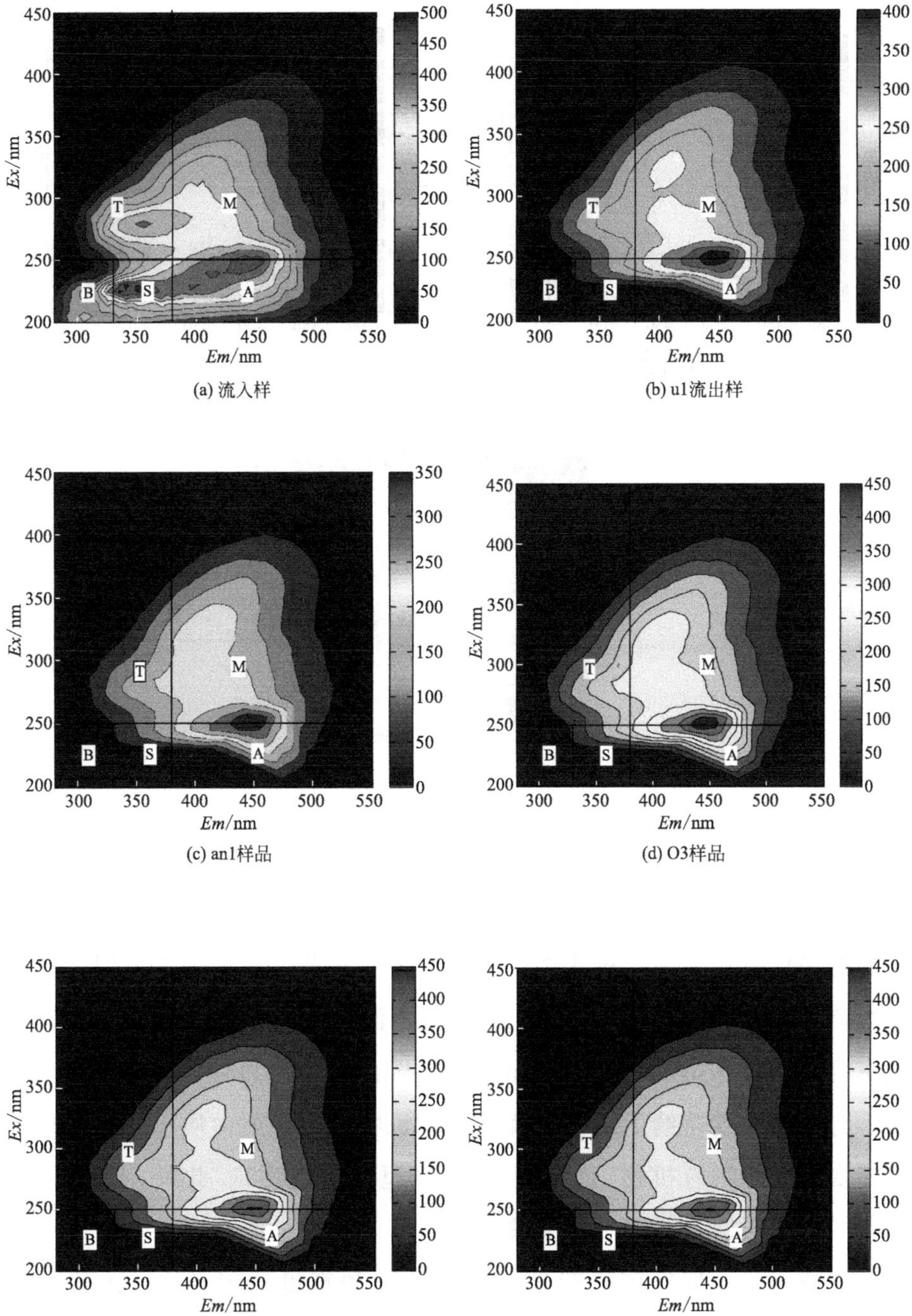

(a) 流入样　(b) u1流出样
(c) an1样品　(d) O3样品
(e) O5样品　(f) O7样品

图 6-4

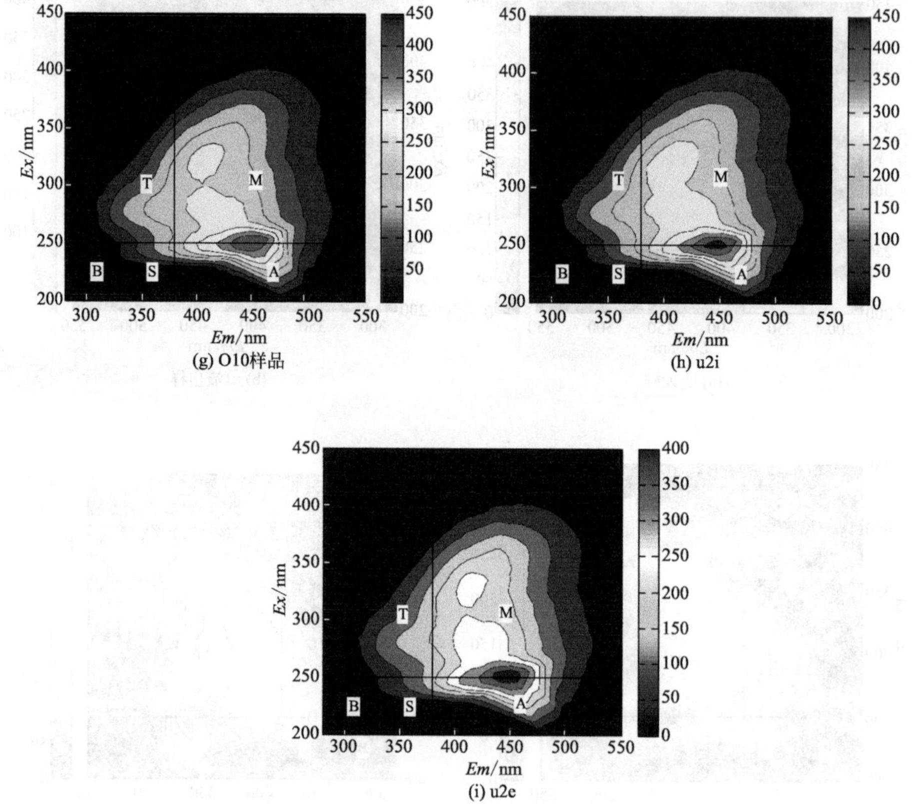

图 6-4 系统中不同取样点的三维荧光光谱扫描分析

如图 6-4 和表 6-1 所示，并不是所有的 5 种类型的荧光峰都存在于所有的采样点。在系统进水中，5 种类型的荧光峰都出现了，但 UASB 后类酪氨酸峰（B 峰）消失了，并且再也没有出现过。显然，类蛋白质类有机物，特别是类酪氨酸的物质，可以很容易地和有效地从系统中去除。有机物浓度持续下降，易降解的有机物（以类蛋白质形式存在）逐渐转变成难降解有机物（如腐殖酸和富里酸的物质）。此外，在 UASB 过程后，类蛋白荧光峰［类酪氨酸峰（B 峰）和类色氨酸峰（S 峰）］峰值均减弱了，但腐殖酸荧光峰（M 峰）和富里酸荧光峰（A 峰）峰值均比进水增强了。其他的荧光峰的明显变化在 UASB 后就很少看到了。

表 6-1 系统中不同取样点的有机物成分分析

取样点	类蛋白质峰			类腐殖质酸峰(M)	类富里酸峰(A)
	类酪氨酸(B)	类色氨酸(S)	副产品(T)		
系统进水	225nm/330nm	230nm/340nm	280nm/355nm	230nm/395nm	255nm/440nm
UASB 出水	—	245nm/380nm	280nm/380nm	250nm/445nm	255nm/445nm
an1	—	250nm/380nm	280nm/380nm	250nm/445nm	255nm/445nm
O3	—	245nm/380nm	285nm/380nm	250nm/445nm	255nm/445nm
O5	—	245nm/380nm	285nm/380nm	250nm/445nm	255nm/445nm
O7	—	245nm/380nm	285nm/380nm	250nm/445nm	255nm/445nm
O10	—	245nm/380nm	280nm/380nm	250nm/445nm	255nm/450nm
ANR 进水	—	250nm/380nm	285nm/380nm	250nm/450nm	255nm/450nm
ANR 出水		250nm/380nm	285nm/380nm	250nm/450nm	255nm/450nm

因此，UASB 后的水样中基本是些难降解物质，用通常的生物法很难降解，但本研究通过电氧化得到了很好的去除效果。

6.2.1.2 系统中氮的降解

在通常的垃圾渗滤液处理中，为了降低总氮，好氧反应器出水后通常还需再额外投加碳源反硝化脱除 NH_4^+-N，硝化产生的 NO_2^--N 和 NO_3^--N。有机碳源缺乏就会很难进行有效的反硝化，由氮平衡来看，若反硝化不彻底势必会影响硝化，从而影响整个脱氮过程。所以，垃圾渗滤液脱氮的技术瓶颈就是如何能少加或不加外碳源实现经济高效的脱氮。本研究采用晚期垃圾渗滤液，C/N 低（在 2 左右），在本工艺中成功实现短程硝化与 Anammox 耦合工艺，未外加碳源实现了深度脱氮，使总氮达标排放。

由图 6-5 可知，系统进水 NH_4^+-N 浓度在 400mg/L 时，渗滤液经过 UASB，在二沉池出水回流稀释下，NH_4^+-N 浓度在 128.5mg/L。在 UASB 中，A/O 回流硝化液中的 NO_2^--N 和 NO_3^--N 利用原水中充分的有机碳源进行异养反硝化。

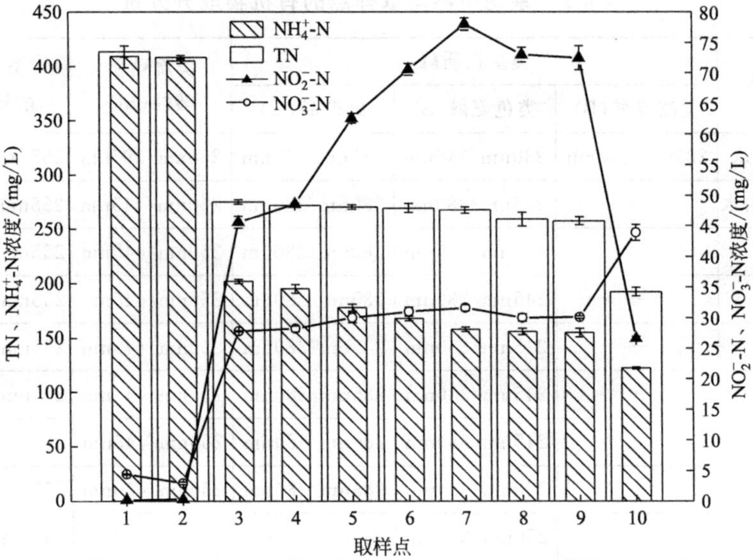

图 6-5 系统中 pH 值和氮的变化

1—原水；2—u1；3—O1；4—O3；5—O5；6—O7；

7—O10；8—沉淀池出水；9—u2i；10—u2e

在 A/O 中，通过控制溶解氧在 0.5～1mg/L 的策略实现短程硝化，对于 Anammox 来说，NO_2^--N 是非常关键的。A/O 反应器中 NH_4^+-N 由 A/O 进水的 83.3mg/L 降到 38mg/L（O10），出水 NH_4^+-N、NO_2^--N 和 NO_3^--N 浓度分别为 38mg/L、48mg/L 和 15mg/L，NO_2^--N 积累率在 76.19%，短程硝化明显。其中，NH_4^+-N 与 NO_2^--N 比例接近 1∶1.26，这与 Anammox 反应理论值 1∶1.32 接近，这样的比例是比较适合发生 Anammox 反应的。

产生 NO_2^--N 的 A/O 反应器出水经二沉池流入 ANR。在该反应器中，进出水的 COD_{Cr} 变化不大，为 240mg/L。先前研究表明，当 COD_{Cr} 在 100mg/L 以上时将会对 Anammox 菌产生抑制。然而，本研究发现当 COD_{Cr} 在 200mg/L 以上时对 Anammox 没有明显的抑制作用，这与朱建平等的研究成果不同。主要原因是生化处理后，垃圾渗滤液中剩余的 COD_{Cr} 的生物可利用性差，无法支持异养反硝化菌的生长，因而无法与 Anammox 菌产生竞争。因此，在 ANR 中亚硝酸盐基本是通过 Anammox 去除的。在 ANR 中，通过 Anammox，出水 NH_4^+-N、TN 浓度分别只有 11.31mg/L 和 39mg/L。低于国家最新颁布的总氮质量浓度 40mg/L 的要求，仅用生物处理总氮达标还是很少有报道的。在后续的电氧化过程中，NH_4^+-N 和 TN 基本不再降解。

最终，整个工艺流程在不投加任何碳源的情况下，通过短程硝化-厌氧氨氧化耦合工艺处理垃圾渗滤液，实现了 NH_4^+-N、TN 分别为 97.17%和 90.30%的高效去除。

综上所述，通过 UASB 实现同步反硝化，高效降解 COD_{Cr} 和脱除部分氮。在 A/O 中通过控制 DO，实现 A/O 反应器的低氧运行，继而实现短程硝化和厌氧氨氧化共存，为后续的 Anammox 反应器提供 NO_2^--N；在之后的 ANR 中，通过 Anammox 去除残余的 NH_4^+-N 和 NO_2^--N，实现了垃圾渗滤液 NH_4^+-N、TN 同步、深度脱除。从电耗和能耗上考虑处理成本，采用低能耗电氧化技术使得整个系统的运行成本仅为 0.8 美元/m^3（约合 5.5 人民币/m^3），其中生物处理成本为 0.075 美元/m^3，EO 处理成本为 0.75 美元/m^3，实现了污染物质经济高效的去除。

6.2.2 厌氧氨氧化分子生物学分析

如图 6-6 所示的基因扩增荧光检测（qPCR）分析结果表明，在此系统中，由于 A/O 出水回流，使得 A/O 中的厌氧氨氧化菌部分回流到 UASB 中。从 qPCR 分析定量结果看，虽然此阶段的 hzsB 基因拷贝数比其他两个反应器少，但仍然有 2.91×10^7 拷贝数/g 干污泥，这是以前的研究很少报道的。

在 A/O，溶解氧会对厌氧氨氧化反应有一定影响，实验中虽然有曝气，但各格室溶解氧（DO）都不高于 0.5mg/L，厌氧氨氧化菌功能基因（hzsB）拷贝数在 A/O 整体积累在 10^9 以上。在缺氧区为最高

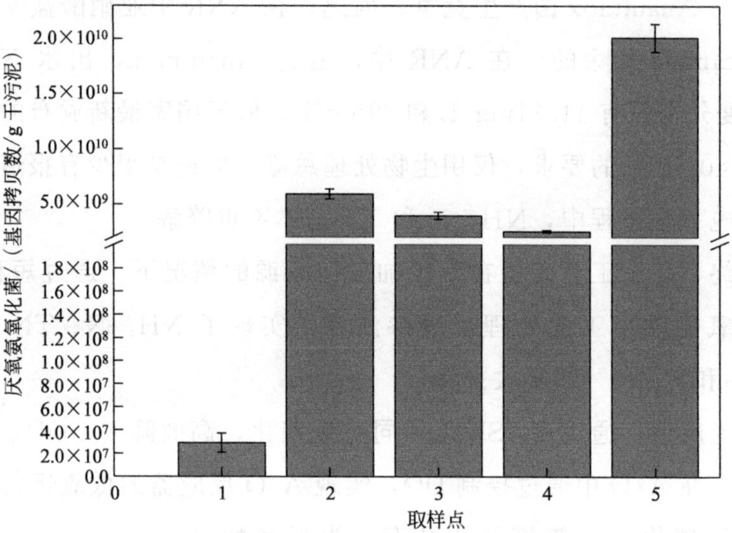

图 6-6 系统中厌氧氨氧化菌基因拷贝数的变化

1—UASB；2—an1；3—O5；4—O10；5-ANR

(5.92×10^9 拷贝数/g 干污泥)，在 O10 格为最低 (2.50×10^9 拷贝数/g 干污泥)。

在后续的 ANR 柱中厌氧氨氧化反应程度是最高的，hzsB 基因拷贝数达到了 2.01×10^{10} 拷贝数/g 干污泥，经计算其厌氧氨氧化菌达到总菌数的 11%，是目前报道中非常高的 Anammox 菌的积累。而这与前面所分析的系统内宏观有机物、氮等的降解规律是吻合的。

通过分子生物学分析可知，整个串联系统各反应器都存在着 Anammox 现象，因而高效地实现了 NH_4^+-N 和 TN 的同步去除。

6.2.3 讨论

系统内的 TN 物料平衡计算公式如式 (6-5)：

$$\Delta TN_i=\frac{C_{inf,i}Q_{inf,i}+C_{reflux,i}Q_{reflux,i}-C_{effl,i}Q_{effl,i}}{C_{raw}Q_{raw}} \quad (6\text{-}5)$$

式中 ΔTN_i——系统过程中被去除的 TN；

C_{raw}、$C_{inf,i}$、$C_{effl,i}$ 和 $C_{reflux,i}$——原水、进水、出水和回流液的浓度；

Q_{raw}、$Q_{inf,i}$、$Q_{effl,i}$ 和 $Q_{reflux,i}$——原水、进水、出水和回流液的流量。

原水进水 TN 浓度和 UASB、A/O 及 ANR 的出水 TN 浓度分别为 402mg/L、153.8mg/L、104mg/L 和 39mg/L。根据式（6-1），UASB、A/O 和 ANR 的 TN 去除率分别为 24.6%、49.6%和 16.1%，系统总的 TN 去除率为 90.3%。

结果表明，大部分的 TN 是在 A/O 中通过反硝化和厌氧氨氧化去除的。假设所有的 COD_{Cr} 都是作为反硝化碳源被去除（从 315mg/L 降到 253mg/L），而去除 1mg TN 需要 3.5～4.5mg COD_{Cr}，因此 17.1%～21.9% 的 TN 是通过反硝化去除的，故至少 27.1%～31.9%的 TN 是通过自养反硝化即厌氧氨氧化去除的。如图 6-5 所示，相对比较高的厌氧氨氧化菌（2.5～5.9）$\times 10^9$ 拷贝数/g 干污泥在 A/O 中被检测到了，这也表明在 A/O 中确实存在着程度比较高的自养反硝化即厌氧氨氧化。大约 16.1%的 TN 在 ANR 中主要是通过厌氧氨氧化去除的。总之，比较高的 TN（至少 43.2%～49%）是通过自养反硝化即厌氧氨氧化去除的。即使存在 DO 0.3～0.5mg/L，厌氧氨氧化菌的生物活性仍然没有被抑制。这意味着，在氮的去除中发生了很高程度的自养反硝化，继而大大减少了碳源和能源的消耗。

因此，对目前垃圾渗滤液处理的工艺进行提标改造，通过电氧化工艺取代传统“双膜法”去除残余难降解有机物，降低成本的同时免去了目前非常难处理的浓水问题。实现垃圾渗滤液达标排放的同时大大降低了处理成本。

① 通过 UASB-A/O-ANR-电氧化工艺，即短程硝化-厌氧氨氧化-高级氧化联用，实现了垃圾渗滤液有机物、NH_4^+-N 和 TN 分别为 95.4%、97.3%和 90.3%的去除率，出水 COD_{Cr}、NH_4^+-N 和 TN 分别为 70mg/L、11.31mg/L 和 39.04mg/L，实现了有机物和氮的同步、深度去除。

② 通过控制 A/O 反应器的溶解氧在 0.3～0.5mg/L，实现了接近 76.19%的 NO_2^--N 积累率的同时实现了（2.50～5.92）$\times 10^9$ 拷贝数/g

干污泥的厌氧氨氧化基因拷贝数的积累。实现了反硝化、短程硝化和厌氧氨氧化在同一反应器内共存，最大程度地增大了 A/O 反应器的脱氮能力。

③ 作为脱氮关键工艺，在 ANR 中残余的 NH_4^+-N 和 NO_2^--N 基本以厌氧氨氧化反应为主脱氮，hzsB 基因拷贝数在 10^{10} 拷贝数/g 干污泥以上，占总菌数的 11%，从而实现了真正意义上的自养深度脱氮。

④ 采用电氧化工艺作为 COD_{Cr} 处理的后处理工艺，不仅使最终出水 COD_{Cr} 达标排放，而且使现有的垃圾渗滤液处理成本大大降低（5.5 元/t 水），使该工艺放大到实际工程成为可能。

林海波等认为从解决实际问题出发开展电化学氧化的基础理论研究、电极材料研制、电解反应器的开发以及电化学氧化工艺研究是目前的发展趋势。电氧化的基础研究的最终目的是为了该技术的工业化应用。工业化应用过程是通过“基础研究”向“应用研究”转化来实现的。

（1）有机污染物电化学氧化机理的研究

包含有机化合物分子在电极表面上的电子转移，或高电位下产生的强氧化性物种与有机物分子的作用，以及电催化体系中产生强氧化性物种的种类和方式等内容。

（2）电极材料的研制

主要包括电极的制备和优化、电催化活性和选择性、电极的寿命等问题。

（3）电解槽结构的研究和高效电解反应器的开发

根据所研制的电催化电极和已知的较明确的氧化机理，进行电极结构和反应器的合理设计以及操作条件的优化的系统研究，开发新型、高效的电解反应器。

（4）电化学氧化垃圾渗滤液应用研究

研究垃圾渗滤液部分电化学氧化和完全氧化过程，系统地考察电流密度、温度、电解质、废水浓度、传质方式和速度、停留时间等因素的影响，设计最佳工艺路线。

第7章 典型案例分析

前面几章介绍了笔者课题组还有一些文献报道的渗滤液处理工艺，但其实有很多工艺都还只是在实验室规模运行，由于经济技术方面的原因，并没有得到现场实践的检验。在本章中，主要介绍几种我国较为典型的、实际工程中应用较好的渗滤液处理工艺，即高级氧化、膜生物反应器、纳滤、反渗透处理工艺等。

化学氧化法对于渗滤液中的大分子有机物有着很好的去除作用，在预处理与深度处理阶段均可应用。化学氧化法可以将水中的小分子有机物直接氧化成 H_2O 和 CO_2，大分子有机物可以被直接氧化成 H_2O 和 CO_2，也可被氧化成易降解的小分子有机物。目前，应用较为广泛的化学氧化法有 Fenton 氧化、湿式氧化和臭氧氧化等。

① Fenton 氧化是在亚铁离子作催化剂的条件下，利用双氧水的羟基自由基对水中的有机物进行氧化。此技术的氧化效果好，出水水质稳定，但其流程较为复杂，构筑物多，处理过程中还会产生大量污泥。

② 湿式氧化法是在高温高压的条件下，利用催化剂将污水中的有机物转化成 CO_2 和 H_2O。这种技术对难降解有机物的去除效果好，但是高温高压的条件需要较大能耗。

③ 臭氧氧化法是利用臭氧的强氧化性，将水中有机物直接氧化。这种技术操作简单，没有二次污染，但是能耗较高，投资巨大。

生物法是目前处理垃圾渗滤液的主流工艺，微生物可将渗滤液中的可生化有机物分解成 CO_2、CH_4 和 H_2O，并将氨氮转化成无害的氮气排入大气中。生物法具有经济高效、操作简单、无二次污染、运行成本低等优点。生物法可以分为厌氧法与好氧法，目前越来越多的工程中采用两者相结合的处理方式。

为了水质的稳定性，目前流行将膜工艺作为最后一项处理技术。根据对水质的不同需求，有微滤、超滤、纳滤、反渗透等不同孔径的膜可供选择。膜滤法处理垃圾渗滤液可以有效去除水中的大分子难降解有机物和氨氮，保证了出水的安全性。但其能耗较高、膜容易产生堵塞问题，还会产生大量浓缩液。由于浓缩液中含有大分子有机物，且可生化性差，因此膜滤后的浓缩液一般采取高级氧化法处理，其水量与所选取的膜相关。

垃圾渗滤液成分复杂，不同时期渗滤液水质变化范围大，处理难度大。虽然物化法与生物法都有着不错的处理效果，但单一的处理方式难以使水质达标，因此目前多采用物化法作为预处理方法，后续联合生物法的处理方式。根据实际情况，选择最为经济高效的处理方法是广大科研人员一直努力的方向。近年来，短程硝化和 Anammox 耦合工艺因其能耗小、处理效率高，更是受到了研究者的青睐，其或许也将成为未来垃圾渗滤液处理的重要手段。

7.1 某渗滤液处理系统纳滤浓缩液处理工程

7.1.1 工程概况

某渗滤液处理系统纳滤浓缩液处理工程规模为 $30m^3/d$。处理对象为某渗滤液处理系统纳滤机组产生的浓缩液。该项目最终出水执行《生活垃圾填埋污染控制标准》(GB/T 16889—2008)。纳滤浓缩液处理工程采用“混凝沉淀预处理＋两级高级氧化/生物活性炭吸附”的组合工艺。

7.1.2 工艺流程

如图 7-1 所示，渗滤液依次进入混凝沉淀预处理装置、一级臭氧氧化反应器（AOP1#）、一级生物活性炭反应器（BAC1#）、二级臭氧氧化反应器（AOP2#）、二级生物活性炭反应器（BAC2#），处理后达标排放。同时，该工艺配套污泥脱水装置、臭氧发生装置、双氧水投加装置以及尾气处理装置。

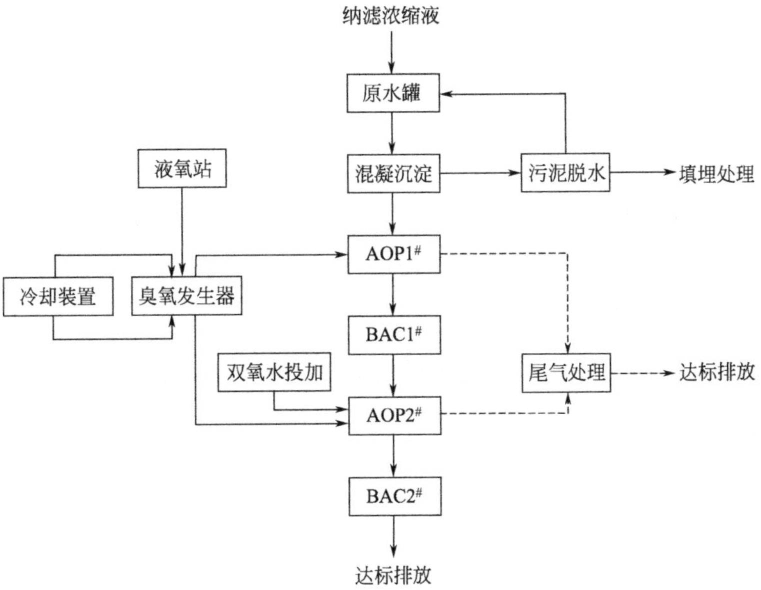

图 7-1 纳滤浓缩液处理工艺流程

工艺环节主要原理及作用如下。

(1) 混凝沉淀预处理装置

通过投加三氯化铁、PAM 以及氢氧化钠等药剂，以混凝沉淀的方法去除渗滤液中部分有机物（50%～60%），保证处理效果的同时降低后续臭氧消耗量，发挥节约成本的作用。

(2) 一级臭氧氧化反应器（AOP1#）

利用臭氧极强的氧化能力，初步降解部分有机物质，并使难分解有机物（例如不饱和酸、多环芳香族有机物等）转变为可生化小分子的易分解有机物。

(3) 一级生物活性炭反应器 (BAC1#)

利用颗粒活性炭巨大的比表面积及发达的孔隙结构对 AOP1# 产水中剩余有机物及溶解氧进行吸附去除，同时利用活性炭富集的微生物对可降解有机物进行生物降解。

(4) 二级臭氧氧化反应器 (AOP2#)

AOP2# 配套有双氧水投加装置，前段处理后的水中可生化降解的物质已经基本去除，再次进入 AOP2# 时，按照一定投加比例分别投加臭氧和双氧水，利用两种物质的联合反应效果产生大量羟基自由基，无选择性地把有机物氧化成 CO_2、H_2O 或矿物盐。

(5) 二级生物活性炭反应器 (BAC2#)

作用整个系统的最后一个环节，再次利用活性炭吸附降解作用，对水中残余污染进行最终处理，保证出水达标。

(6) 尾气处理装置

通过 AOP1#、AOP2# 反应后的尾气由尾气引风机抽出进入臭氧尾气吸收装置，利用触媒催化反应，将臭氧分解为 CO_2 和 O_2。

7.1.3 工艺及设备参数

主要工艺参数、设备参数详见表 7-1、表 7-2。

表 7-1 主要工艺参数表

序号	工艺单元	工艺参数
1	原水调节系统	设计进水流量≥30m³/d,发挥进水调节作用
2	混凝沉淀系统	采用两级混凝沉淀,设计进水流量≥30m³/d,排泥量为 8m³/d
3	高级氧化系统	采用两级臭氧氧化/生物活性炭吸附工艺,臭氧投加比为 4∶1,设计进水流量≥30m³/d
4	臭氧生成系统	设计臭氧生成量为 4kg/h,臭氧浓度(标准状态)为 150g/m³

表 7-2 主要设备参数表

序号	名称	规格	单位	数量
1	原水调节系统			
1.1	原水罐	$V=10m^3$	个	1
1.2	原水泵	$Q=3m^3/h$, $H=15m$, $P=0.5kW$	台	2
2	混凝沉淀系统			
2.1	pH 调整槽	$V=0.5m^3$	个	1
2.2	pH 调整搅拌器	立式搅拌机，转速 110r/min	台	1
2.3	混凝槽	1000mm×800mm×1500mm	个	2
2.4	混凝搅拌机	立式搅拌机，转速 110r/min	台	1
2.5	絮凝搅拌机	立式搅拌机，转速 60r/min	台	1
2.6	混凝剂加药槽	$V=2m^3$	个	1
2.7	混凝剂加药泵	20L/h×7bar❶	台	2
2.8	PAM 泡药机	250*L*/h，*P*=1kW	套	1
2.9	PAM 加药泵	20L/h×7bar，P=0.25kW	台	2
2.10	沉淀槽	3000mm×3000mm×3000mm	个	1
2.11	排泥泵	$Q=2m^3/h$, $H=20m$	台	2
2.12	中间水罐	$V=5m^3$	个	1
2.13	中间水泵	$Q=3m^3/h$, $H=15m$	台	2
2.14	NaOH 投加槽	$V=1m^3$	个	1
2.15	NaOH 投加泵	10L/h×7bar	台	1
3	高级氧化系统			
3.1	臭氧曝气器	微孔曝气器	套	2
3.2	AOP 反应塔	Φ800mm×7000mm	个	2
3.3	AOP 水槽	$2m^3$	个	2
3.4	BAC 送水泵	$2.2m^3/h\times25m$, $P=1.5kW$	台	2
3.5	BAC 反应槽	Φ800mm×5000mm	个	2
3.6	反洗泵	$5m^3/h\times28m$, $P=2.2kW$	台	1
3.7	射流器	材质：SUS	个	1
3.8	循环泵	$2m^3/h\times28m$, $P=1.5kW$	台	1
3.9	双氧水投加槽	$V=1m^3$	个	1
3.10	双氧水投加泵	10L/h×7bar	台	1
4	臭氧生成系统			
4.1	臭氧发生器	规格 4kg/h，浓度(标准状态)$150g/m^3$	台	1
4.2	冷水系统	冷水机/提供冷却水源	套	1
4.3	尾气破坏系统	满足 4kg/h 臭氧运行需求	套	1

❶ $1bar=10^5Pa$，下同。

7.1.4 运行状况

此项目纳滤浓缩液来源为某渗滤液处理系统纳滤机组产水的浓缩液，出水达到《生活垃圾填埋污染控制标准》（GB/T 16889—2008）的要求。实际运行进出水水质具体指标见表7-3。

表7-3 实际运行进出水水质具体指标

项目	COD_{Cr}/(mg/L)	NH_4^+-N/(mg/L)	TN/(mg/L)	SS/(mg/L)
进水	8000～10000	15～50	40～100	100～200
排放标准	≤100	≤25	≤40	≤30
实际出水	≤80	≤25	≤40	≤30

7.1.5 项目特点

本项目采用“混凝沉淀预处理＋两级高级氧化/生物活性炭吸附”的组合工艺，可有效去除纳滤浓缩液中的有机物、氨氮等污染物，代替纳滤浓缩液回灌调节池或填埋堆体的常规处理方式，避免纳滤浓缩液中难降解有机物对渗滤液处理系统运行产生的不良影响。

7.2 某固废综合处理厂渗滤液处理工程

7.2.1 工程概况

某固废综合处理厂渗滤液处理工程处理规模为1200m^3/d，并于2017年开始运行。处理对象为生活垃圾焚烧发电厂渗滤液、填埋场渗滤液、生产废水等混合渗滤液。该工程最终出水满足《生活垃圾填埋污染控制标准》（GB/T 16889—2008）及《城市污水再生利用　城市杂用水水质》（GB/T 18920—2002）中的绿化用水水质标准。产水主要用于厂区绿化等其他生产用水，剩余部分与中水处理系统出水经混合后作为循环冷却水供给焚烧厂。该工程渗滤液处理主要工艺为“预处理＋厌氧＋膜生物反应器（MBR）＋纳滤（NF）＋反渗透（RO）”，浓缩液处理主要工艺为“高压反渗透＋浸没燃烧蒸发技术”。

7.2.2 工艺流程

本项目渗滤液处理系统采用“预处理＋厌氧＋膜生物反应器（MBR）＋纳滤（NF）＋反渗透（RO）”的组合工艺。其中生化部分去除主要的污染物，如 COD、NH_4^+-N、TN 等，后端的 NF＋RO 系统为深化处理，保证出水水质。膜生物反应器（MBR）由一级反硝化和硝化、二级反硝化和硝化以及外置式超滤单元组成。

本工程的工艺流程见图 7-2。

7.2.3 工艺及设备参数

主要工艺参数、设备参数详见表 7-4、表 7-5。

7.2.4 运行状况

此项目渗滤液来源为生活垃圾焚烧发电厂、填埋场、分离分选系统工程、生活污水及生产废水的混合渗滤液，出水达到《生活垃圾填埋污染控制标准》（GB/T 16889—2008）及《城市污水再生利用　城市杂用水水质》（GB/T 18920—2002）中的绿化用水水质标准。

实际运行进出水水质具体指标见表 7-6。

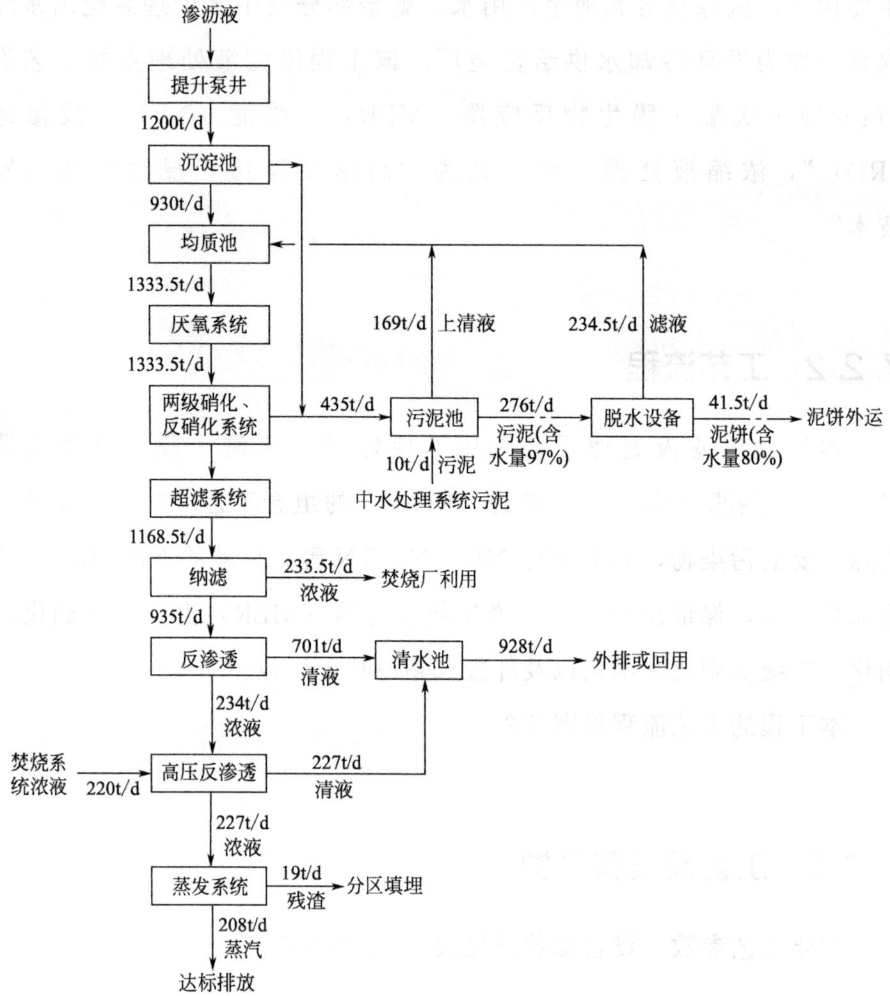

图 7-2 渗滤液处理工艺流程

表 7-4 主要工艺参数表

序号	工艺单元	工艺参数
1	预处理系统	工艺为格栅除渣＋絮凝沉淀＋篮式过滤器，出水 SS 下降至 800mg/L 以下，油脂含量下降至 50mg/L 以下
2	厌氧系统	工艺为上流式污泥床-过滤器(UBF)
3	MBR 生化系统	两级 A/O 并联运行，每条线设计处理能力为 600t/d
3.1	一级反硝化池	数量为 4 座，单座有效容积为 $729m^3$，污泥浓度 $15kg/m^3$，反硝化速率 0.12kg NO_3^--N/(kg MLSS · d)

续表

序号	工艺单元	工艺参数
3.2	一级硝化池	数量为4座，单座有效容积为2112.5m^3，好氧硝化污泥泥龄为17.35d，硝化速率0.04kg NH_4^+-N/(kg MLSS·d)，剩余污泥产泥系数0.15kg MLSS/kg COD
3.3	二级反硝化池	数量为2座，有效容积1130m^3
3.4	二级硝化池	数量为2座，有效容积870m^3
4	MBR超滤部分	外置管式超滤膜，设计积水流量≥1608m^3/d，单根膜柱设计平均通量为≥10L/(m^2·h)，机组数量为2套
5	纳滤系统	设计进水流量≥1500m^3/d，设计最大操作压力15bar，膜组件分段为一级三段，机组数量为2套
6	反渗透系统	设计进水流量≥1500m^3/d，设计最大操作压力40bar，膜组件分段为一级二段，机组数量为2套
7	污泥处理系统	剩余污泥脱水后上清液回流到反硝化池。脱水产生的干泥进入到厂区的垃圾焚烧厂进行处置
8	浓缩液处理系统	采用"高压反渗透+浸没燃烧蒸发技术"的工艺
8.1	高压反渗透系统	对RO浓缩液进行浓缩处理，设计积水流量≥500m^3/d，膜组件分段为一级三段，机组数量为2套
8.2	浸没燃烧蒸发系统	蒸发器材质为316L不锈钢，设计积水流量≥250m^3/d，沼气需求量(标准状态)1500m^3/h，浓缩倍数10～15倍

表7-5 主要设备参数表

序号	名称	规格	单位	数量
1	调节池			
1.1	转鼓格栅	含自动除渣、清洗功能，$P=0.37kW$	套	2
1.2	调节池提升泵	$Q=60m^3/h$，$H=10m$，$P=3.7kW$	台	3
1.3	排泥系统污泥泵	$Q=15m^3/h$，$H=20m$，$P=3.7kW$	台	3
1.4	厌氧进水泵	$Q=35m^3/h$，$H=30m$，$P=7.5kW$	台	6
2	厌氧系统			
2.1	厌氧反应器	搪瓷/钢结构，Φ17000mm×17000mm(有效高度16.0m)，含配套保温层、布水装置、填料层、气水分离器、出水装置、出水过滤器、水封装置、超压和负压保护装置等	套	4
2.2	厌氧循环泵	$Q=250m^3/h$，$H=10m$，$N=15kW$	台	6
2.3	换热器	125m^2，非标定制	套	2

续表

序号	名称	规格	单位	数量
2.4	厌氧排泥泵	$Q=5m^3/h$，$H=15m$，$P=2.2kW$	台	4
2.5	沼气处理系统（标准状态）	≥$1000m^3/h$	套	1
2.6	沼气火炬	封闭火炬，处理能力（标准状态）$1000m^3/h$	套	1
2.7	锅炉系统	含2t热水锅炉，软水设备等	套	2
3	膜生物反应器（MBR）系统			
3.1	一级反硝化搅拌器	潜水型，桨叶直径620mm，转速480r/min	台	8
3.2	二级反硝化搅拌器	潜水型，桨叶直径620mm，转速480r/min	台	4
3.3	一级硝化循环泵	$Q=300m^3/h$，$H=15m$，$P=22kW$	台	4
3.4	一级硝化鼓风机	$Q=70m^3/min$，$H=8000mmH_2O$❶	台	8
3.5	二级硝化鼓风机	$Q=50m^3/min$，$H=8000mmH_2O$	台	2
3.6	一级硝化曝气系统	微孔曝气，清水氧利用率>32%	套	2
3.7	二级硝化曝气系统	微孔曝气，清水氧利用率>32%	套	2
3.8	超滤进水泵	$Q=225m^3/h$，$H=17m$，$P=18.5kW$	台	4
3.9	排泥泵	$Q=20m^3/h$，$H=20m$，$P=7.5kW$	台	4
3.10	板式换热器	$300m^2$	套	2
3.11	冷却塔	$Q=450m^3/h$，$N=22kW$，逆流式玻璃钢冷却塔	套	2
3.12	冷却污泥泵	$Q=300m^3/h$，$H=15m$，$N=15kW$	台	4
3.13	冷却水泵	$Q=420m^3/h$，$H=10m$，$N=22kW$	台	4
3.14	碳源投加系统	$Q=500L/h$，$H=20m$，$N=1.5kW$	套	2
3.15	加碱系统		套	2
3.16	消泡剂投加系统	机械隔膜泵，$Q=200L/h$，$H=20m$，$N=0.15kW$	套	2
4	超滤（UF）系统			
4.1	UF机组	$Q_{出}$≥$700m^3/d$	套	2
4.2	储酸罐	$V=10m^3$	套	2
4.3	加酸泵	$Q=65L/h$，机械隔膜泵，$N=0.15kW$	台	2
4.4	化学清洗系统	含清洗水箱、仪表及配套管路等	套	2
4.5	压缩空气系统	$Q=50L/min$，$V=200L$，$P=2.5kW$，螺杆式空气压缩机	套	1

❶ $1mmH_2O=9.8Pa$，下同。

续表

序号	名称	规格	单位	数量
5	纳滤(NF)系统			
5.1	纳滤进水泵	$Q=22m^3/h$,$H=22m$,$N=3.7kW$,变频	台	3
5.2	纳滤设备	$Q\geqslant700m^3/d$,$P=50kW$,变频	套	2
5.3	加药系统	$Q=0\sim20L/h$;$N=0.033kW$	套	2
5.4	纳滤浓液回用泵	$Q=25m^3/h$,$H=40m$,$N=7.5kW$	台	3
6	反渗透(RO)系统			
6.1	RO进水泵	$Q=18m^3/h$,$H=30m$,$N=3.7kW$	台	6
6.2	RO设备	$Q\geqslant300m^3/d$,回收率75%,$N=65kW$	套	4
6.3	加药系统	$Q=0\sim20L/h$;$N=0.05kW$	套	4
6.4	化学清洗系统	含清洗水箱、清洗水泵、仪表及配套管路等	套	1
7	污泥处理系统			
7.1	污泥进料泵	$Q=40m^3/h$,$H=20m$,$P=7.5kW$,变频	套	2
7.2	污泥脱水机	$Q\geqslant30m^3/h$,固体负荷0.5t DS/h,$N=38kW$	台	2
7.3	絮凝剂制备装置	制备能力≥5kg/h,$N=5kW$	套	1
7.4	絮凝剂投加泵	$Q=10m^3/h$,$H=20m$,$N=3.0kW$	套	2

表7-6 实际进出水水质指标 单位:mg/L

项目	COD_{Cr}	BOD_5	NH_4^+-N	TN	TP	SS
进水	15000~40000	7000~20000	2000~2800	2000~3000	10~30	1000~5000
排放标准	≤100	≤30	≤25	≤40	≤3	≤30
实际出水	≤60	≤10	≤20	≤40	≤0.5	≤30

7.2.5 项目特点

① 厌氧系统在厌氧降解有机物过程中产生大量可燃性气体(甲烷),可作为浸没式蒸发工艺的能源,大大降低了蒸发系统处理浓缩液的能耗,实现了渗滤液中有机物污染的能源回收与利用。

② 该项目MBR系统为两级A/O工艺,可充分利用渗滤液中可降

解有机物。该环节还配置了碳源投加系统和碱度投加系统，能够在进水水质波动、处理效果不佳的情况下通过投加药剂适当调节C/N、pH值等关键运行参数，保证MBR系统脱氮效果稳定。而超滤部分能够更好地实现泥水分离，维持MBR系统高活性污泥浓度。

③ 纳滤系统、反渗透系统可有效分离难降解有机物、金属离子、盐类等污染物质，保证出水达到较高的控制排放标准。

④ 该工程配套先进的浓缩液处理系统，以“高压反渗透+浸没燃烧蒸发技术”为主要工艺，有效解决了浓缩液处理难题，避免了浓缩液回灌对渗滤液处理系统及填埋场运行造成的不良影响。

7.3 湖南长沙县城市固体废弃物处置场垃圾渗滤液处理

湖南长沙县城市固体废弃物处置场位于长沙县安沙镇，主要接受星沙开发区的生活垃圾。该垃圾填埋场于2002年8月开始运行，平均填埋量为400t/d，渗滤液产生量为10～80m^3/d，其垃圾渗滤液的基本性质见表7-7。

表7-7 渗滤液基本性质

项目	浓度范围	项目	浓度范围
COD/(mg/L)	1600～5000	氨氮/(mg/L)	80～400
BOD_5/(mg/L)	398～1246	SS/(mg/L)	30～280
总氮/(mg/L)	160～900	pH值	6.2～6.5

该垃圾渗滤液于2003年初开始集中处理，采用的工艺为吹脱-UBF-SBR，设计处理能力为100m^3/d，处理出水通过专用管道排入地表水Ⅳ类水体，执行《生活垃圾填埋污染控制标准》(GB 16889—1997)的二级标准。

7.3.1 工艺流程及构筑物

7.3.1.1 工艺流程

生活垃圾渗滤液的有机物浓度高，可生化性差，一般 $BOD_5/COD<0.3$，且含氨氮浓度较高。针对渗滤液的这些特性，设计中采用厌氧、兼氧、好氧相结合的方式进行处理，具体工艺流程如图 7-3 所示。

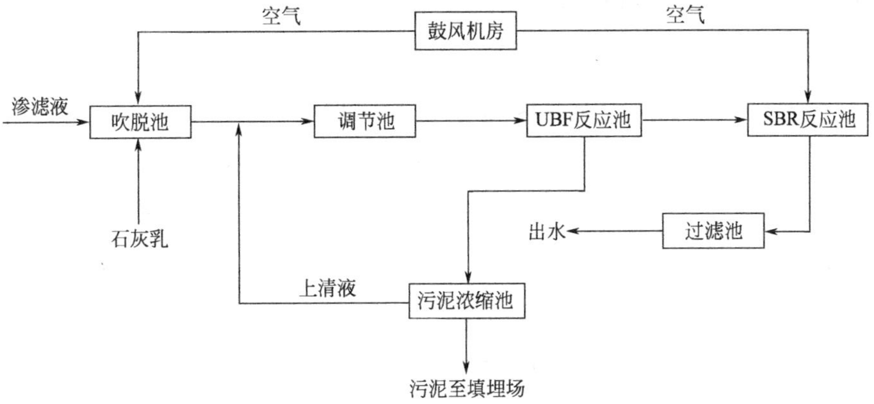

图 7-3 工艺流程

7.3.1.2 构筑物

(1) 吹脱池

由于渗滤液中氨氮浓度较高且废水的 pH 值较低，为减少生物处理过程中的脱氮负荷，根据氨氮在弱碱性条件下容易挥发的性质设计了吹脱池，先加入氢氧化钙溶液调节渗滤液 pH 值至 8.0 左右，再向渗滤液中鼓风，使一部分氨氮挥发到大气中。吹脱池尺寸为 18m×3m×4m，设计水力停留时间为 1.0h，设自动加药设备 1 套，由 pH 控制仪控制自动加药。

(2) 调节池

由于垃圾场产生的废水量受降雨量的影响较大，为保证处理系统进水水质相对稳定，必须有较大的调节池来调节水量，同时随着渗滤液量的变化，其有机物浓度也有较大的变化，特别是在冬季渗滤液量少，浓度特别高，因此需对原水进行适当调节，以免对处理设施冲击过大。另外，调节池可以起到兼氧反应的作用，因生活垃圾渗滤液进入污水处理厂之前已经过较长时间的厌氧发酵过程，渗滤液直接进行厌氧作用已不显著，通过吹脱池的充氧作用和自然复氧作用，使调节池中的渗滤液处于一个兼氧环境，渗滤液中本身存在的大量兼氧菌生长活跃，这样一方面可去除部分有机物，另外可极大地提高废水的可生化性，使后续生化处理难度降低。调节池设计尺寸为 50m×30m×5m，停留时间为 60d。

（3）UBF 反应器

废水经过调节池的兼氧反应后可生化性得以提高，但有机物浓度仍较高（COD 为 2000mg/L 左右），直接进行好氧处理不仅运行成本无法接受，且容易产生污泥膨胀等异常情况。因此，选择复合高效厌氧反应器（UBF）去除大部分有机物，设 UBF 池 2 座，单池尺寸为 3.8m×8m，间歇进水，设计平均停留时间为 43h。池体为 A3 板焊接而成，外设保温层，常温下发酵，采用穿孔管进水，反应器上部安装 1.5m 高的半软性填料，顶部设锯齿状出水堰。另外，为保证反应器中污泥处于悬浮状态，提高废水与污泥接触的机会，还设置了出水回流装置。

（4）SBR 反应池

厌氧反应器出水进入 SBR 反应器进一步处理，针对废水中氮含量较高这一特性，设计选用 SBR 反应器，通过控制曝气时间来控制反应过程中的 DO 浓度，使好氧-兼氧反应交替发生，以提高脱氮效率。SBR 反应器由 4 个独立的钢筋混凝土池体构成，单池有效容积为 6m×5m×4.5m，采用微孔鼓风曝气，螺旋桨自动滗水器排水。设计 12h 为一周期，其中进水 2h（不曝气）、曝气反应 3h、缺氧反应 2h、曝气反应 3h、沉淀排水 2h。

（5）过滤池

SBR 反应池出水含一定量的悬浮物，特别是在污泥异常情况下悬浮物含量往往超标，因此设计了过滤池以去除出水中的悬浮物。过滤池为 10m×3m×3m 的钢筋混凝土池体，以炉渣为滤料，过滤层高度为 2m。

7.3.2 运行情况

在 UBF 和 SBR 反应器调试完成后，按设计流量和设计参数连续运行 2 个月后，对系统各处理单元的处理效果进行监测，结果见表 7-8（表中数据为连续 5d 的平均值）。

表 7-8 系统各处理单元指标检测

项目	吹脱池			调节池		
	进水/(mg/L)	出水/(mg/L)	去除率/%	进水/(mg/L)	进水/(mg/L)	去除率/%
COD	2670	2670	0	2670	1245	53
SS				147	65	56
NH_4^+-N	126	28	78	28	87	
项目	UBF 反应器			SBR 反应器		
	进水/(mg/L)	进水/(mg/L)	去除率/%	进水/(mg/L)	进水/(mg/L)	去除率/%
COD	1245	428	66	428	94	78
SS	65	72		72	15	79
NH_4^+-N	87	92		92	10	89

注：过滤池仅对悬浮物去除起作用，未列入表内。

该工程于 2002 年 12 月通过了长沙县环境监测站的验收监测，验收后一直正常运行至今。

7.3.3 投资及运行成本

（1）工程投资

整个渗滤液处理工程总投资为 105 万元（不包括征地费用），其中土建投资为 64 万元，设备投资为 41 万元。

（2）运行费用估算

设操作人员 3 名，工资及福利费为 2.4 万元/年，药剂费（石灰）为 1000 元/年，电机总装机容量为 36kW，平均运行功率为 15kW，当地电价为 0.5 元/(kW·h)，则电费为 6.57 万元/年，若设备维修费按 2000 元/年计，则总运行费用为 9.27 万元/年，渗滤液处理费用为 2.53 元/t。

7.4 "UBF+MBR+纳滤膜+反渗透膜"组合工艺处理某生活垃圾焚烧厂渗滤液的工程实例

7.4.1 设计规模及水质指标

渗滤液处理规模 $440m^3/d$，系统应能处理超过 10%的冲击负荷。渗滤液设计进水 BOD_5 为 30g/L，COD 为 60g/L，SS、NH_4^+-N、TN 的质量浓度分别为 10g/L、2g/L、2.5g/L，pH 值为 4～9。

渗滤液设计出水水质：处理后出水水质要求达到 GB 19923—2005 中敞开式循环冷却水系统补充水水质标准（换热器为非铜质），即：$BOD_5 \leqslant 10mg/L$，$COD \leqslant 60mg/L$，SS、NH_4^+-N、TP 的质量浓度分别 $\leqslant 20mg/L$、$\leqslant 10mg/L$、$\leqslant 1mg/L$，pH 值为 6.5～8.5，浊度 $\leqslant$5NTU，色度 $\leqslant$30，总硬度 $\leqslant$450mg/L，总碱度 $\leqslant$350mg/L，Cl^-、硫酸盐的质量浓度均 $\leqslant$250mg/L。

7.4.2 工艺流程

工艺流程如图 7-4 所示。

垃圾渗滤液在储存坑中经泵提升至调节池，调节池前加装沉淀池预处理和螺旋格栅机除渣系统，用以除去粒径大于 1mm 的固体颗粒物。再经泵提升进入厌氧反应器（UBF），出水进入沉淀池进行沉淀，沉淀污泥排入剩余污泥脱水系统。渗滤液经过厌氧反应，COD 可得到大幅度的降解。

出水进入中间水池，水池设置预曝气设备，用于吹脱水中的有害气

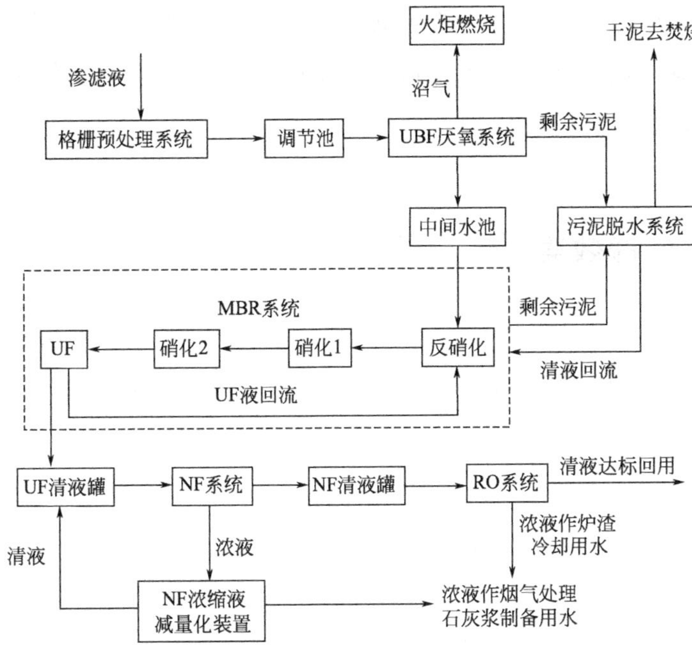

图 7-4 工艺流程

体（如 H_2S）以及抑制出水中的厌氧微生物。厌氧对温度波动较为敏感，设计采用焚烧厂提供的蒸汽对厌氧进行加温以保证厌氧反应温度的稳定。

出水经袋式过滤器后进入 MBR，去除可生化有机物以及进行生物脱氮，同时部分渗滤液原水（经过除渣预处理后）超越厌氧反应器直接进入膜生化反应器，以保证膜生化反应器中反硝化所需的碳源，从而保持系统必要的反硝化率以及 pH 值的稳定性。

超滤（UF）出水进入纳滤系统，纳滤浓缩液进入二级纳滤系统，二级纳滤清液回至超滤清液罐。纳滤清液罐中的清液经泵输送至反渗透系统。

反渗透清液进行回用或排放处理，反渗透浓缩液进入浓缩液罐。NF 纳滤浓缩液减量化处理后，用于烟气处理石灰浆制备用水，由渗滤液处理站压力输送至主车间烟气处理间使用或回喷入垃圾储坑随垃圾一起进入焚烧炉内焚烧处理。

厌氧系统和生化系统产生的剩余污泥排入污泥储池，再泵入污泥脱水机，进料过程投加适量的絮凝剂以提高固液分离效果。产生的清液返回上清液池，通过回流泵回流到膜生化反应器，经过污泥浓缩、脱水处理，运至垃圾贮坑随垃圾进入焚烧炉焚烧处置。

7.4.3 处理效果及经济效益

该工程于 2014 年 10 月完成工程验收，各项出水指标均达到 GB 19923—2005 中敞开式循环冷却水系统补充水水质标准（换热器为非铜质）。

具体检测结果如表 7-9 所列。

表 7-9 各出水检测结果 单位：mg/L

水样	COD	BOD_5	NH_4^+-N	TN	SS
原水	60000	30000	20000	2500	10000
预处理水	60000	30000	20000	2500	989
厌氧反应器出水	14500	7245	20000	2500	989
反硝化硝化出水	796	17	9	370	9.3
MBR 出水	796	17	9	37	9.3
NF 出水	93	8.5	9	37	9.3
RO 出水	54	8.5	9	37	9.3

本项目处理系统的运行费用为 40.18 元/m^3，其中电费、药剂费、人工费分别为 16.27 元/m^3、8.1 元/m^3、2.24 元/m^3，其他费用（膜元件更换费用、水费等）13.57 元/m^3。

7.5 山东某城市生活垃圾焚烧发电厂渗滤液处理实例

7.5.1 设计水质水量

该垃圾焚烧发电厂设计处理垃圾量 1000t/d，垃圾渗滤液取值

20%，故渗滤液处理规模设计为200t/d。

其进出水水质要求见表7-10。

表7-10 进出水水质

项目	pH值	SS/(mg/L)	COD_{Cr}/(mg/L)	BOD_5/(mg/L)	NH_4^+-N/(mg/L)
进水水质	5～7	8000	60000	3000	2200
出水水质	6.5～8.5	—	≤60	≤10	≤10

7.5.2 处理工艺

生活垃圾焚烧厂渗滤液成分复杂，水质水量变化大且呈非周期性，处理难度非常大。本工程采用生化和膜处理技术相结合的工艺，以满足处理要求。

具体工艺如图7-5所示。

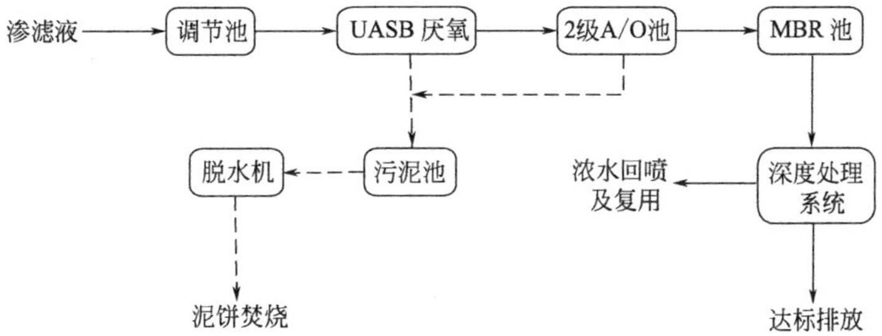

图7-5 UASB+A/O+MBR工艺流程

(1) 调节池

由于来水不均匀，渗滤液处理系统设置调节池进行缓冲，主要作用为均化渗滤液水质水量。调节池设计尺寸28.0m×14.0m×6.0m，有效容积2000m^3，停留时间10d。调节池为地上式钢混凝土结构，分为两格，可独立运行，方便检修。调节池前设置过滤器作为预处理，用于截留大块污染物，确保后续系统正常运行。

(2) 厌氧系统

渗滤液污染物浓度较高，故设置厌氧工艺进行处理。厌氧反应器采用钢结构，尺寸 Φ11.0m×14.8m，有效容积 1300m^3，停留时间 6.5d。厌氧配套加热系统和沼气处理系统。加热系统采用螺旋管换热器，间接加热厌氧循环水，确保反应器内部温度。沼气处理采用火炬燃烧，并预留综合利用接口。

(3) 两级 A/O 池

本处理单元主要作用是进行反硝化/硝化反应，用于去除渗滤液中的氨氮。两级 A/O 池采用地上钢混凝土结构，总尺寸 37.0m×11.0m×6.0m，总有效容积 2000m^3，停留时间 10d。其中一级反硝化池停留时间 1.4d，一级硝化池停留时间 7.2d，二级反硝化池停留时间 16.5h，二级硝化池停留时间 16.5h。反硝化池设置潜水搅拌机用于泥水搅拌混合，防止污泥沉降，硝化池采用管式曝气器进行充氧曝气。硝化池由于曝气量较大等原因，夏季容易导致水温较高，故设置冷却系统用于保证硝化池的温度。

(4) MBR 池

MBR 膜系统用于生化出水泥水分离，清液进入后续处理单元，污泥回流到生化池。MBR 池采用钢结构，尺寸 4.5m×2.5m×3.5m。采用浸没式中空纤维膜，单支膜面积 12m^2，设计产水量 12L/h，膜数量 70 支。MBR 膜系统设置清水反洗和化学清洗系统。膜使用年限为 5 年。

(5) 深度处理系统

深度处理系统采用 NF 系统＋RO 系统。NF 的作用是去除渗滤液中难以生化降解的有机物，并确保后续的反渗透正常运行。NF 膜采用卷式聚酰胺复合膜，单支膜面积 37m^2，产水量 12L/h，设计回收率 85%。RO 的作用主要是去除渗滤液中的盐分，确保出水满足回用的要求。RO 膜采用卷式聚酰胺复合膜，单支膜面积 37m^2，产水量 12L/h，设计回收率 75%。膜使用年限为 3 年。

(6) 污泥处理系统

各单元污泥首先收集在污泥池浓缩。污泥池清液回流到生化池，浓缩污泥用螺杆泵输送到脱水机。采用离心式污泥脱水机，设计处理量为

$3m^3/h$，脱水污泥含水率≤80%。脱水泥饼运送至焚烧炉焚烧处置。

（7）臭气处理系统

渗滤液站臭气经收集后通过离心风机输送到垃圾坑负压区，用于焚烧炉助燃。渗滤液站内部设置1套臭气处理系统，处理量 $4000m^3/h$，用于应急处理。臭气处理系统采用两级喷淋的处理工艺。

7.5.3 运行效果及经济分析

渗滤液站于2015年5月进行调试，至2015年12月调试完成，达到满负荷运行，各项出水指标达标。

各单元处理效果见表7-11。

表7-11 各单元处理效果对比

序号	处理单元	COD_{Cr}/(mg/L)	BOD_5/(mg/L)	NH_4^+-N/(mg/L)	pH值
1	调节池	45000	20000	2000	5～6
2	厌氧反应器	8000	3500	—	6.5～8.5
3	两级A/O+MBR膜	500	80	4	6.5～8.5
4	NF系统	100	20	3	—
5	RO系统	20	5	1	—
6	回用标准	≤60	≤10	≤10	6.5～8.5

工程总投资1850万元，折算吨水投资9.25万元。渗滤液站运行费用32.15元/m^3渗滤液（不含设备折旧）。

7.6 UBF-SMSBR双膜4段式组合工艺处理垃圾渗滤液实例

7.6.1 工艺流程

UBF-SMSBR双膜4段式组合工艺流程如图7-6所示。

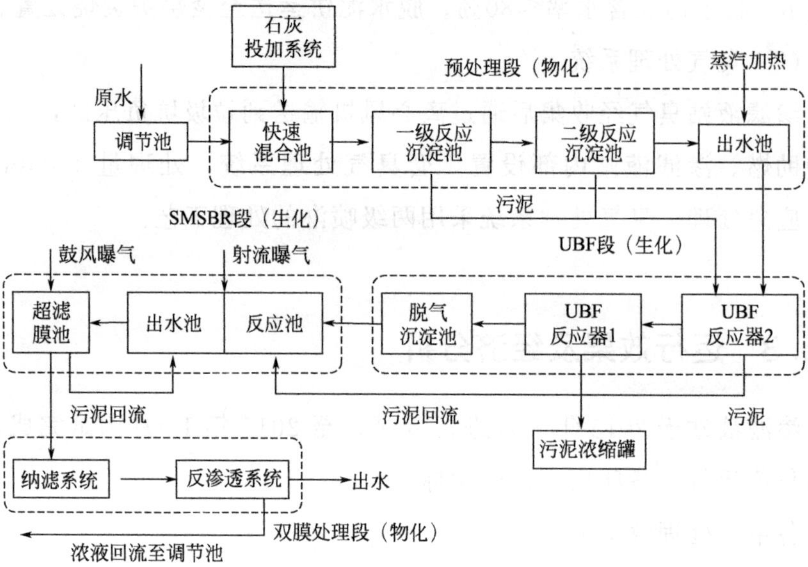

图 7-6 UBF-SMSBR 双膜 4 段式组合工艺流程

废水由调节池调节水质水量，随后用泵抽送至预处理段。在预处理段的快速混合池中投加质量分数 4%的石灰 50kg/h，调节废水 pH 值至 8.5～9.0。该段一级、二级反应沉淀池内分别投加混凝剂（质量分数 5%的铁盐 1.6kg/h）和絮凝剂（质量分数 1%～2%的 PAM 质量流量 30g/h）。利用出水池内的蒸汽加热至 30℃左右，出水进入 UBF 段。

由厌氧滤器（AF）和上流式污泥床（UASB）复合而成 UBF 新型高效厌氧反应器。反应器底部布置由高含量颗粒污泥组成的污泥床，上部布置填料，其表面附着大量生物膜。UBF 反应器与传统的 UASB 反应器相比，具有更长的 HRT，更高的污泥负荷及更大的抗冲击负荷能力。处理液从 UBF 反应器底部进入，依次经过污泥床和填料生物膜区，最后在反应器顶部固液气三相分离，反应产生的沼气回收利用。

经 2 级 UBF 反应器厌氧处理后，液体自流至脱气沉淀池脱除沼气和污泥。其后处理液进入 SMSBR 段进行好氧处理。SBR 池采用间歇进水、间歇出水方式运行，通过控制进水、反应、沉淀、排水排泥和闲置 5 个阶段，实现对处理液的好氧生化处理。出水至超滤膜池进行鼓风曝气。

SMSBR段出水至双膜段。在该段，处理液先后通过纳滤、反渗透系统处理，利用半透膜的选择性，筛分、截留和吸附去除渗滤液中的难降解有机污染物，最终出水直排入海。

沉淀池、UBF反应器和SBR产生的剩余污泥由污泥管道收集后进入污泥浓缩池重力浓缩。浓缩后的污泥用泵输送至离心脱水机脱水，干泥运至焚烧车间焚烧处理。

主要设计进水指标：COD为63g/L，BOD_5为26g/L，NH_4^+-N、TP、TN的质量浓度分别为2200mg/L、58mg/L、2300mg/L。

7.6.2 运行效果

工程稳定运行后，各项出水水质指标均达到GB 18918—2002一级A标准，具体数据见表7-12；其中原水中高COD和高NH_4^+-N都得到了很大去除，去除效果见表7-13。

表7-12 各项指标去除效果

水样	COD/(mg/L)	BOD_5/(mg/L)	pH值	NH_4^+-N/(mg/L)	TP/(mg/L)	TN/(mg/L)	去除率/%				
							COD	BOD_5	NH_4^+-N	TP	TN
进水	56506	22298	5.5	1949	55.9	2003	—	—	—	—	—
出水	5.82	0.63	6.7	0.48	0.22	2.97	99.99	99.99	99.97	99.61	99.85

表7-13 COD和NH_4^+-N去除效果

进出水	COD/(g/L)	NH_4^+-N/(mg/L)
进水	53.11	2383
预处理出水	31.24	2290
UBF出水	1.546	1125
SMSBR出水	0.1500	8.84
双膜出水	0.0035	0.24

7.6.3 成本分析

工程总投资约1100万元，每吨水投资约7.33万元。实际运行成本经核算后为16.11元/t，其中电费为6.20元/t，药剂费2.81元/t，人工费为3.33元/t，日常维护及修理费2.23元/m^3，折旧费1.54元/m^3。

7.7 预处理+生物处理+深度处理组合工艺处理垃圾渗滤液工程实例

7.7.1 工程概况

工程位于广西西北部，属温暖、潮湿的亚热带季风气候，多年平均气温20℃，多年平均降雨量1202mm。工程总库容$1468\times10^3m^3$，设计使用年限32年。2012年投入试运营，属年轻填埋场。

渗滤液设计处理量150m^3/d，采用“混凝＋氨吹脱＋上流式厌氧污泥床（UASB）＋缺氧＋两段接触氧化＋MBR＋活性炭过滤＋RO”处理工艺，进水COD为3～8g/L、BOD_5为1～3.5 g/L、NH_4^+-N为300～1600mg/L。

渗滤液处理工艺流程如图7-7所示。

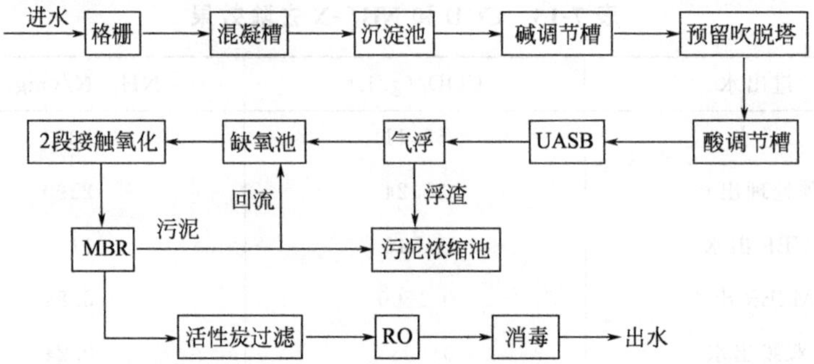

图7-7 渗滤液处理工艺流程

进水首先经混凝、沉淀预处理去除胶体颗粒和悬浮颗粒；然后经预留吹脱塔脱除游离氨，提高 C/N；吹脱塔出水进入 UASB 降解 COD，提高 BOD_5/COD；UASB 出水经气浮作用后进入缺氧池，进行氨化和反硝化作用，进一步脱氮；缺氧池出水进入 2 段接触氧化池，进一步脱除 COD；接触氧化池出水进入 MBR 强化降解 COD 和 NH_4^+-N 硝化；MBR 出水一部分回流至缺氧池进行反硝化强化脱氮，一部分进入膜分离系统，净水经消毒后外排。工艺产生的污泥进入污泥浓缩池，经压滤后回填至垃圾填埋场。

7.7.2 主要构筑物

(1) 预留吹脱塔

由于填埋场运营 5 年后，NH_4^+-N 含量升高，C/N 降低，对后续生物处理工艺具有抑制作用，因此预留吹脱塔脱除游离氨调节 C/N。吹脱塔配套酸、碱调节槽。向碱调节槽投加石灰乳调节 pH 值至 11，游离氨经吹脱处理后进入酸调节槽，投加硫酸调节 pH 值至 6～9。吹脱塔设计进水温度 25℃，气液体积比 2500∶1，外形尺寸为 3.5m×7.5m，填料高度 600mm；配套风机功率 7.5kW，体积流 10580m^3/h。

(2) UASB 反应器

污水自下而上通过 UASB 反应器，底部是高含量、高活性的污泥床，污泥床上部是低含量悬浮污泥层，大部分有机物经过厌氧发酵降解为沼气。UASB 反应器由配水区、反应区、三相分离器、排水系统和排气系统 5 部分组成。UASB 反应器 1 座，有效容积 1989m^3，COD 负荷 2.1kg/(m^3·d)，HRT 为 47h，外形尺寸为 5.5m×8.0m。

(3) 段接触氧化池

2 段接触氧化池前置缺氧池，发挥生物选择器的作用。2 段接触氧化池采用导流墙隔开，在各池分别设置填料区，通过鼓风机进行曝气。与活性污泥法相比，接触氧化法抗水量和水质冲击；生物膜附着生长污泥停留时间（SRT）很长的硝化菌，强化硝化作用。接触氧化池单池外形 3m×7.5m×5m，BOD_5 污泥负荷 0.50kg/(kg·d)，采用穿孔和微孔联合曝气方式，配套风机功率 140kW，风量 $104m^3/h$。

（4）内置式 MBR 池

MBR 是膜分离和活性污泥法相结合的水处理技术。应用平板膜代替活性污泥法的二沉池，节约用地。由于膜的拦截作用，SRT 和 HRT 彻底分离，可以有效截留 SRT 很长的硝化菌，强化去除 NH_4^+-N；因 SRT 延长，有利于降解难降解有机物和促进污泥好氧消化。MBR 池 1 座，有效容积 $45m^3$，设计 HRT 为 6h，外形尺寸 4.5m×3.0m×3.5m。膜组件设计 4 组，单组面积 $1.5m^2$，浸没放置。

（5）膜分离系统

膜分离系统的核心部件是 RO 装置，前置活性炭过滤器作为 RO 的预处理措施。RO 工艺分 2 级设置，每级各 3 套 RO 装置，工作压力 0.9～1.55mPa，设计体积流量 $7m^3/h$；活性炭过滤器工作压力≤6Pa，设计体积流量 $8m^3/h$，外形尺寸为 1.2m×2.5m。

7.7.3 处理效果及经济分析

渗滤液处理设施运行以来，采用水质在线自动监测仪记录了 2013 年 7 月—2015 年 10 月出水 COD 和 NH_4^+-N 含量，如图 7-8 所示。

由于渗滤液收集池容积很大，可以容纳旱季（1 月—5 月）的渗滤液，故在旱季处理设施不运行。整体而言，处理设施运行期间，出水 COD≤100mg/L，NH_4^+-N≤8mg/L，满足 GB 16889—2008 一般限值要求。为提高出水水质的稳定性和可靠性，运行期间对处理设施进行了 2 次升级改造。2014 年 7 月，由于穿孔曝气方式使接触氧化池曝气不匀，导致出水水质不稳定，采取增加 1 套微孔曝气装置的措施。2015 年 9 月，为彻底脱除出水色度，进一步降低 COD，采取增加 RO 装置的措施。2 次改造效果明显，2014 年 7 月以后出水 COD 波动变小；2015 年

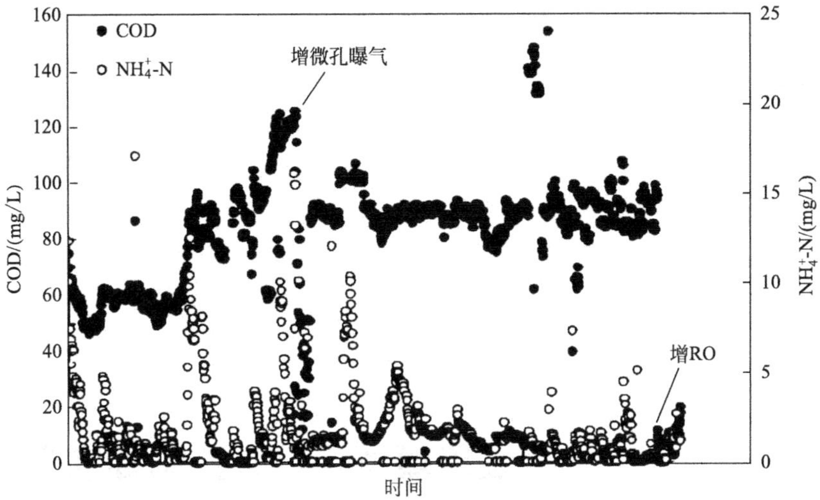

图 7-8 渗滤液处理工艺运行效果

9 月以后出水感官清澈，COD≤20mg/L，NH_4^+-N≤8mg/L，满足 GB 16889—2008 特殊限值要求。

工程运营以后，减排成效显著。进水平均 COD 为 5.5g/L、NH_4^+-N 为 400mg/L，2015 年 9 月增加 RO 系统后出水平均 COD 为 5.36mg/L、NH_4^+-N 为 0.76mg/L，每吨水减排 COD 5.495kg、NH_4^+-N 0.399kg。

不考虑设备折旧、维修和监测等费用，直接运行成本合计为 19.37 元/m^3。其中，电价按丰水期（5 月—10 月）和枯水期（1 月—4 月、11 月—12 月）分别定价，丰水电价 0.58 元/(kW・h)，枯水电价 0.86 元/(kW・h)。丰水期处理量占比 84%，枯水期占比 16%，综合电价 0.62 元/(kW・h)。运行电耗 18.84kW・h/m^3，折合动力费 11.68 元/m^3。药剂主要为酸碱调节剂、混凝剂等，运行费用为 5.18 元/m^3。配备工人 2 人，工资按 1200 元/月定额，折合人工费 2.51 元/m^3。

附录

附录一 《生活垃圾填埋场污染控制标准》（GB 16889—2008）

生活垃圾填埋场污染控制标准

1 适用范围

本标准规定了生活垃圾填埋场选址、设计与施工、填埋废物的入场条件、运行、封场、后期维护与管理的污染控制和监测等方面的要求。

本标准适用于生活垃圾填埋场建设、运行和封场后的维护与管理过程中的污染控制和监督管理。本标准的部分规定也适用于与生活垃圾填埋场配套建设的生活垃圾转运站的建设、运行。

本标准只适用于法律允许的污染物排放行为；新设立污染源的选址和特殊保护区域内现有污染源的管理，按照《中华人民共和国大气污染防治法》《中华人民共和国水污染防治法》《中华人民共和国海洋环境保护法》《中华人民共和国固体废物污染环境防治法》《中华人民共和国放射性污染防治法》《中华人民共和国环境影响评价法》等法律、法规、规章的相关规定执行。

2. 规范性引用文件

本标准内容引用了下列文件中的条款。凡是不注日期的引用文件，其有效版本适用于本标准。

GB 5750—1985　生活饮用水标准检验法

GB 7466—1987　水质　总铬的测定

GB 7467—1987　水质　六价铬的测定　二苯碳酰二肼分光光度法

GB 7468—1987　水质　总汞的测定　冷原子吸收分光光度法

GB 7469—1987　水质　总汞的测定　高锰酸钾-过硫酸钾消解法　双硫腙分光光度法

GB 7470—1987　水质　铅的测定　双硫腙分光光度法

GB 7471—1987　水质　镉的测定　双硫腙分光光度法

GB 7485—1987　水质　总砷的测定　二乙基二硫代氨基甲酸银分光光度法

GB 11893—1989　水质　总磷的测定　钼酸铵分光光度法

GB 11901—1989　水质　悬浮物的测定　重量法

GB 11903—1989　水质　色度的测定

GB 13486　便携式热催化甲烷检测报警仪

GB 14554　恶臭污染物排放标准

GB/T 14675　空气质量　恶臭的测定　三点式比较臭袋法

GB/T 14678　空气质量　硫化氢、甲硫醇、甲硫醚和二甲二硫的测定　气相色谱法

GB/T 14848　地下水质量标准

GB/T 15562.1　环境保护图形标志　排放口（源）

GB/T 50123　土工试验方法标准

HJ/T 38—1999　固定污染源排气中非甲烷总烃的测定　气相色谱法

HJ/T 86—2002　水质　生化需氧量的测定　微生物传感器快速测定法

HJ/T 195—2005　水质　氨氮的测定　气相分子吸收光谱法

HJ/T 199—2005 水质 总氮的测定 气相分子吸收光谱法

HJ/T 228 医疗废物化学消毒集中处理工程技术规范（试行）

HJ/T 229 医疗废物微波消毒集中处理工程技术规范（试行）

HJ/T 276 医疗废物高温蒸汽集中处理工程技术规范（试行）

HJ/T 300 固体废物 浸出毒性浸出方法 醋酸缓冲溶液法

HJ/T 341—2007 水质 汞的测定 冷原子荧光法（试行）

HJ/T 347—2007 水质 粪大肠菌群的测定 多管发酵法和滤膜法（试行）

HJ/T 399—2007 水质 化学需氧量的测定 快速消解分光光度法

CJ/T 234 垃圾填埋场用高密度聚乙烯土工膜

《医疗废物分类目录》（卫医发［2003］287号）

《排污口规范化整治技术要求》（环监字［1996］470号）

《污染源自动监控管理办法》（国家环境保护总局令第28号）

《环境监测管理办法》（国家环境保护总局令第39号）

3. 术语和定义

下列术语和定义适用于本标准。

3.1 运行期

生活垃圾填埋场进行填埋作业的时期。

3.2 后期维护与管理期

生活垃圾填埋场终止填埋作业后，进行后续维护、污染控制和环境保护管理直至填埋场达到稳定化的时期。

3.3 防渗衬层

设置于生活垃圾填埋场底部及四周边坡的由天然材料和（或）人工合成材料组成的防止渗漏的垫层。

3.4 天然基础层

位于防渗衬层下部，由未经扰动的土壤等构成的基础层。

3.5 天然黏土防渗衬层

由经过处理的天然黏土机械压实形成的防渗衬层。

3.6 单层人工合成材料防渗衬层

由一层人工合成材料衬层与黏土（或具有同等以上隔水效力的其他材料）衬层组成的防渗衬层。

3.7 双层人工合成材料防渗衬层

由两层人工合成材料衬层与黏土（或具有同等以上隔水效力的其他材料）衬层组成的防渗衬层。

3.8 环境敏感点

指生活垃圾填埋场周围可能受污染物影响的住宅、学校、医院、行政办公区、商业区以及公共场所等地点。

3.9 场界

指法律文书（如土地使用证、房产证、租赁合同等）中确定的业主所拥有使用权（或所有权）的场地或建筑物边界。

3.10 现有生活垃圾填埋场

指本标准实施之日前，已建成投产或环境影响评价文件已通过审批的生活垃圾填埋场。

3.11 新建生活垃圾填埋场

指本标准实施之日起环境影响文件通过审批的新建、改建和扩建的生活垃圾填埋场。

4. 选址要求

4.1 生活垃圾填埋场的选址应符合区域性环境规划、环境卫生设施建设规划和当地的城市规划。

4.2 生活垃圾填埋场场址不应选在城市工农业发展规划区、农业保护区、自然保护区、风景名胜区、文物（考古）保护区、生活饮用水水源保护区、供水远景规划区、矿产资源储备区、军事要地、国家保密地区和其他需要特别保护的区域内。

4.3 生活垃圾填埋场选址的标高应位于重现期不小于50年一遇的洪水位之上，并建设在长远规划中的水库等人工蓄水设施的淹没区和保护区之外。

拟建有可靠防洪设施的山谷型填埋场，并经过环境影响评价证明洪水对生活垃圾填埋场的环境风险在可接受范围内，前款规定的选址标准可以适当降低。

4.4 生活垃圾填埋场场址的选择应避开下列区域：破坏性地震及活动构造区；活动中的坍塌、滑坡和隆起地带；活动中的断裂带；石灰岩溶洞发育带；废弃矿区的活动塌陷区；活动沙丘区；海啸及涌浪影响区；湿地；尚未稳定的冲积扇及冲沟地区；泥炭以及其他可能危及填埋场安全的区域。

4.5 生活垃圾填埋场场址的位置及与周围人群的距离应依据环境影响评价结论确定，并经地方环境保护行政主管部门批准。

在对生活垃圾填埋场场址进行环境影响评价时，应考虑生活垃圾填埋场产生的渗滤液、大气污染物（含恶臭物质）、滋养动物（蚊、蝇、鸟类等）等因素，根据其所在地区的环境功能区类别，综合评价其对周围环境、居住人群的身体健康、日常生活和生产活动的影响，确定生活垃圾填埋场与常住居民居住场所、地表水域、高速公路、交通主干道（国道或省道）、铁路、飞机场、军事基地等敏感对象之间合理的位置关系以及合理的防护距离。环境影响评价的结论可作为规划控制的依据。

5. 设计、施工与验收要求

5.1 生活垃圾填埋场应包括下列主要设施：防渗衬层系统、渗滤液导排系统、渗滤液处理设施、雨污分流系统、地下水导排系统、地下水监测设施、填埋气体导排系统、覆盖和封场系统。

5.2 生活垃圾填埋场应建设围墙或栅栏等隔离设施，并在填埋区边界周围设置防飞扬设施、安全防护设施及防火隔离带。

5.3 生活垃圾填埋场应根据填埋区天然基础层的地质情况以及环

境影响评价的结论，并经当地地方环境保护行政主管部门批准，选择天然黏土防渗衬层、单层人工合成材料防渗衬层或双层人工合成材料防渗衬层作为生活垃圾填埋场填埋区和其他渗滤液流经或储留设施的防渗衬层。填埋场黏土防渗衬层饱和渗透系数按照 GB/T 50123 中 13.3 节“变水头渗透试验”的规定进行测定。

5.4　如果天然基础层饱和渗透系数小于 1.0×10^{-7}cm/s，且厚度不小于 2m，可采用天然黏土防渗衬层。采用天然黏土防渗衬层应满足以下基本条件：

(1) 压实后的黏土防渗衬层饱和渗透系数应小于 1.0×10^{-7}cm/s；

(2) 黏土防渗衬层的厚度应不小于 2m。

5.5　如果天然基础层饱和渗透系数小于 1.0×10^{-5}cm/s，且厚度不小于 2m，可采用单层人工合成材料防渗衬层。人工合成材料衬层下应具有厚度不小于 0.75m，且其被压实后的饱和渗透系数小于 1.0×10^{-7}cm/s 的天然黏土防渗衬层，或具有同等以上隔水效力的其他材料防渗衬层。

人工合成材料防渗衬层应采用满足 CJ/T 234 中规定技术要求的高密度聚乙烯或者其他具有同等效力的人工合成材料。

5.6　如果天然基础层饱和渗透系数不小于 1.0×10^{-5}cm/s，或者天然基础层厚度小于 2m，应采用双层人工合成材料防渗衬层。下层人工合成材料防衬层下应具有厚度不小于 0.75m，且其被压实后的饱和渗透系数小于 1.0×10^{-7}cm/s 的天然黏土衬层，或具有同等以上隔水效力的其他材料衬层；两层人工合成材料衬层之间应布设导水层及渗漏检测层。

人工合成材料的性能要求同第 5.5 条。

5.7　生活垃圾填埋场应设置防渗衬层渗漏检测系统，以保证在防渗衬层发生渗滤液渗漏时能及时发现并采取必要的污染控制措施。

5.8　生活垃圾填埋场应建设渗滤液导排系统，该导排系统应确保在填埋场的运行期内防渗衬层上的渗滤液深度不大于 30cm。

为检测渗滤液深度，生活垃圾填埋场内应设置渗滤液监测井。

5.9 生活垃圾填埋场应建设渗滤液处理设施，以在填埋场的运行期和后期维护与管理期内对渗滤液进行处理达标后排放。

5.10 生活垃圾填埋场渗滤液处理设施应设渗滤液调节池，并采取封闭等措施防止恶臭物质的排放。

5.11 生活垃圾填埋场应实行雨污分流并设置雨水集排水系统，以收集、排出汇水区内可能流向填埋区的雨水、上游雨水以及未填埋区域内未与生活垃圾接触的雨水。雨水集排水系统收集的雨水不得与渗滤液混排。

5.12 生活垃圾填埋场各个系统在设计时应保证能及时、有效地导排雨、污水。

5.13 生活垃圾填埋场填埋区基础层底部应与地下水年最高水位保持1m以上的距离。当生活垃圾填埋场填埋区基础层底部与地下水年最高水位距离不足1m时，应建设地下水导排系统。地下水导排系统应确保填埋场的运行期和后期维护与管理期内地下水水位维持在距离填埋场填埋区基础层底部1m以下。

5.14 生活垃圾填埋场应建设填埋气体导排系统，在填埋场的运行期和后期维护与管理期将填埋层内的气体导出后利用、焚烧或达到9.2.2的要求后直接排放。

5.15 设计填埋量大于250×10^4t且垃圾填埋厚度超过20m生活垃圾填埋场，应建设甲烷利用设施或火炬燃烧设施处理含甲烷填埋气体。小于上述规模的生活垃圾填埋场，应采用能够有效减少甲烷产生和排放的填埋工艺或采用火炬燃烧设施处理含甲烷填埋气体。

5.16 生活垃圾填埋场周围应设置绿化隔离带，其宽度不小于10m。

5.17 在生活垃圾填埋场施工前应编制施工质量保证书并作为环境监理和环境保护竣工验收的依据。施工过程中应严格按照施工质量保证书中的质量保证程序进行。

5.18 在进行天然黏土防渗衬层施工之前，应通过现场施工实验确定压实方法、压实设备、压实次数等因素，以确保可以达到设计要求。同时在施工过程中应进行现场施工检验，检验内容与频率应包括在施工设计书中。

5.19 在进行人工合成材料防渗衬层施工前，应对人工合成材料的各项性能指标进行质量测试；在需要进行焊接之前，应进行试验焊接。

5.20 在人工合成材料防渗衬层和渗滤液导排系统的铺设过程中与完成之后，应通过连续性和完整性检测检验施工效果，以确定人工合成材料防渗衬层没有破损、漏洞等。

5.21 填埋场人工合成材料防渗衬层铺设完成后，未填埋的部分应采取有效的工程措施防止人工合成材料防渗衬层在日光下直接暴露。

5.22 在生活垃圾填埋场的环境保护竣工验收中，应对已建成的防渗衬层系统的完整性、渗滤液导排系统、填埋气体导排系统和地下水导排系统等的有效性进行质量验收，同时验收场址选择、勘察、征地、设计、施工、运行管理制度、监测计划等全过程的技术和管理文件资料。

5.23 生活垃圾转运站应采取必要的封闭和负压措施防止恶臭污染的扩散。

5.24 生活垃圾转运站应设置具有恶臭污染控制功能及渗滤液收集、贮存设施。

6. 填埋废物的入场要求

6.1 下列废物可以直接进入生活垃圾填埋场填埋处置：

(1) 由环境卫生机构收集或者自行收集的混合生活垃圾，以及企事业单位产生的办公废物；

(2) 生活垃圾焚烧炉渣（不包括焚烧飞灰）；

(3) 生活垃圾堆肥处理产生的固态残余物；

(4) 服装加工、食品加工以及其他城市生活服务行业产生的性质与生活垃圾相近的一般工业固体废物。

6.2 《医疗废物分类目录》中的感染性废物经过下列方式处理后，

可以进入生活垃圾填埋场填埋处置。

(1) 按照 HJ/T 228 要求进行破碎毁形和化学消毒处理，并满足消毒效果检验指标；

(2) 按照 HJ/T 229 要求进行破碎毁形和微波消毒处理，并满足消毒效果检验指标；

(3) 按照 HJ/T 276 要求进行破碎毁形和高温蒸汽处理，并满足处理效果检验指标；

(4) 医疗废物焚烧处置后的残渣的入场标准按照第 6.3 条执行。

6.3 生活垃圾焚烧飞灰和医疗废物焚烧残渣（包括飞灰、底渣）经处理后满足下列条件，可以进入生活垃圾填埋场填埋处置。

(1) 含水率小于 30%；

(2) 二噁英含量低于 3μg TEQ/kg；

(3) 按照 HJ/T 300 制备的浸出液中危害成分浓度低于表 1 规定的限值。

表 1 浸出液污染物浓度限值

序号	污染物项目	浓度限值/(mg/L)	序号	污染物项目	浓度限值/(mg/L)
1	汞	0.05	7	钡	25
2	铜	40	8	镍	0.5
3	锌	100	9	砷	0.3
4	铅	0.25	10	总铬	4.5
5	镉	0.15	11	六价铬	1.5
6	铍	0.02	12	硒	0.1

6.4 一般工业固体废物经处理后，按照 HJ/T 300 制备的浸出液中危害成分浓度低于表 1 规定的限值，可以进入生活垃圾填埋场填埋处置。

6.5 经处理后满足第 6.3 条要求的生活垃圾焚烧飞灰和医疗废物焚烧残渣（包括飞灰、底渣）和满足第 6.4 条要求的一般工业固体废物在生活垃圾填埋场中应单独分区填埋。

6.6 厌氧产沼等生物处理后的固态残余物、粪便经处理后的固态残余物和生活污水处理厂污泥经处理后含水率小于60%，可以进入生活垃圾填埋场填埋处置。

6.7 处理后分别满足第6.2、第6.3、第6.4和第6.6条要求的废物应由地方环境保护行政主管部门认可的监测部门检测、经地方环境保护行政主管部门批准后，方可进入生活垃圾填埋场。

6.8 下列废物不得在生活垃圾填埋场中填埋处置。

(1) 除符合第6.3条规定的生活垃圾焚烧飞灰以外的危险废物；

(2) 未经处理的餐饮废物；

(3) 未经处理的粪便；

(4) 禽畜养殖废物；

(5) 电子废物及其处理处置残余物；

(6) 除本填埋场产生的渗滤液之外的任何液态废物和废水。

国家环境保护标准另有规定的除外。

7. 运行要求

7.1 填埋作业应分区、分单元进行，不运行作业面应及时覆盖。不得同时进行多作业面填埋作业或者不分区全场敞开式作业。中间覆盖应形成一定的坡度。每天填埋作业结束后，应对作业面进行覆盖；特殊气象条件下应加强对作业面的覆盖。

7.2 填埋作业应采取雨污分流措施，减少渗滤液的产生量。

7.3 生活垃圾填埋场运行期内，应控制堆体的坡度，确保填埋堆体的稳定性。

7.4 生活垃圾填埋场运行期内，应定期检测防渗衬层系统的完整性。当发现防渗衬层系统发生渗漏时，应及时采取补救措施。

7.5 生活垃圾填埋场运行期内，应定期检测渗滤液导排系统的有效性，保证正常运行。当衬层上的渗滤液深度大于30cm时，应及时采取有效疏导措施排除积存在填埋场内的渗滤液。

7.6 生活垃圾填埋场运行期内，应定期检测地下水水质。当发现地下水水质有被污染的迹象时，应及时查找原因，发现渗漏位置并采取补救措施，防止污染进一步扩散。

7.7 生活垃圾填埋场运行期内，应定期并根据场地和气象情况随时进行防蚊蝇、灭鼠和除臭工作。

7.8 生活垃圾填埋场运行期以及封场后期维护与管理期间，应建立运行情况记录制度，如实记载有关运行管理情况，主要包括生活垃圾处理、处置设备工艺控制参数，进入生活垃圾填埋场处置的非生活垃圾的来源、种类、数量、填埋位置，封场及后期维护与管理情况及环境监测数据等。运行情况记录簿应当按照国家有关档案管理等法律法规进行整理和保管。

8. 封场及后期维护与管理要求

8.1 生活垃圾填埋场的封场系统应包括气体导排层、防渗层、雨水导排层、最终覆土层、植被层。

8.2 气体导排层应与导气竖管相连。导气竖管应高出最终覆土层上表面100cm以上。

8.3 封场系统应控制坡度，以保证填埋堆体稳定，防止雨水侵蚀。

8.4 封场系统的建设应与生态恢复相结合，并防止植物根系对封场土工膜的损害。

8.5 封场后进入后期维护与管理阶段的生活垃圾填埋场，应继续处理填埋场产生的渗滤液和填埋气，并定期进行监测，直到填埋场产生的渗滤液中水污染物浓度连续两年低于表2、表3中的限值。

表2 现有和新建生活垃圾填埋场水污染物排放浓度限值

序号	控制污染物	排放浓度限值	污染物排放监控位置
1	色度(稀释倍数)	40	常规污水处理设施排放口
2	化学需氧量(COD_{Cr})/(mg/L)	100	常规污水处理设施排放口
3	生化需氧量(BOD_5)/(mg/L)	30	常规污水处理设施排放口

续表

序号	控制污染物	排放浓度限值	污染物排放监控位置
4	悬浮物/(mg/L)	30	常规污水处理设施排放口
5	总氮/(mg/L)	40	常规污水处理设施排放口
6	氨氮/(mg/L)	25	常规污水处理设施排放口
7	总磷/(mg/L)	3	常规污水处理设施排放口
8	粪大肠菌群数/(个/L)	10000	常规污水处理设施排放口
9	总汞/(mg/L)	0.001	常规污水处理设施排放口
10	总镉/(mg/L)	0.01	常规污水处理设施排放口
11	总铬/(mg/L)	0.1	常规污水处理设施排放口
12	六价铬/(mg/L)	0.05	常规污水处理设施排放口
13	总砷/(mg/L)	0.1	常规污水处理设施排放口
14	总铅/(mg/L)	0.1	常规污水处理设施排放口

表3　现有和新建生活垃圾填埋场水污染物特别排放限值

序号	控制污染物	排放浓度限值	污染物排放监控位置
1	色度(稀释倍数)	30	常规污水处理设施排放口
2	化学需氧量(COD_{Cr})/(mg/L)	60	常规污水处理设施排放口
3	生化需氧量(BOD_5)/(mg/L)	20	常规污水处理设施排放口
4	悬浮物/(mg/L)	30	常规污水处理设施排放口
5	总氮/(mg/L)	20	常规污水处理设施排放口
6	氨氮/(mg/L)	8	常规污水处理设施排放口
7	总磷/(mg/L)	1.5	常规污水处理设施排放口
8	粪大肠菌群数/(个/L)	1000	常规污水处理设施排放口
9	总汞/(mg/L)	0.001	常规污水处理设施排放口
10	总镉/(mg/L)	0.01	常规污水处理设施排放口
11	总铬/(mg/L)	0.1	常规污水处理设施排放口
12	六价铬/(mg/L)	0.05	常规污水处理设施排放口
13	总砷/(mg/L)	0.1	常规污水处理设施排放口
14	总铅/(mg/L)	0.1	常规污水处理设施排放口

9. 污染物排放控制要求

9.1　水污染物排放控制要求

9.1.1　生活垃圾填埋场应设置污水处理装置，生活垃圾渗滤液（含调节池废水）等污水经处理并符合本标准规定的污染物排放控制要求后，可直接排放。

9.1.2　现有和新建生活垃圾填埋场自2008年7月1日起执行表2规定的水污染物排放浓度限值。

9.1.3　2011年7月1日前，现有生活垃圾填埋场无法满足表2规定的水污染物排放浓度限值要求的，满足以下条件时可将生活垃圾渗滤液送往城市二级污水处理厂进行处理：

（1）生活垃圾渗滤液在填埋场经过处理后，总汞、总镉、总铬、六价铬、总砷、总铅等污染物浓度达到表2规定浓度限值；

（2）城市二级污水处理厂每日处理生活垃圾渗滤液总量不超过污水处理量的0.5%，并不超过城市二级污水处理厂额定的污水处理能力；

（3）生活垃圾渗滤液应均匀注入城市二级污水处理厂；

（4）不影响城市二级污水处理场的污水处理效果；

2011年7月1日起，现有全部生活垃圾填埋场应自行处理生活垃圾渗滤液并执行表2规定的水污染排放浓度限值。

9.1.4　根据环境保护工作的要求，在国土开发密度已经较高、环境承载能力开始减弱，或环境容量较小、生态环境脆弱，容易发生严重环境污染问题而需要采取特别保护措施的地区，应严格控制生活垃圾填埋场的污染物排放行为，在上述地区的现有和新建生活垃圾填埋场自2008年7月1日起执行表3规定的水污染物特别排放限值。

9.2　甲烷排放控制要求

9.2.1　填埋工作面上2m以下高度范围内甲烷的体积百分比应不大于0.1%。

9.2.2　生活垃圾填埋场应采取甲烷减排措施；当通过导气管道直接排放填埋气体时，导气管排放口的甲烷的体积百分比不大于5%。

9.3 生活垃圾填埋场在运行中应采取必要的措施防止恶臭物质的扩散。在生活垃圾填埋场周围环境敏感点方位的场界的恶臭污染物浓度应符合 GB 14554 的规定。

9.4 生活垃圾转运站产生的渗滤液经收集后，可采用密闭运输送到城市污水处理厂处理、排入城市排水管道进入城市污水处理厂处理或者自行处理等方式。排入设置城市污水处理厂的排水管网的，应在转运站内对渗滤液进行处理，总汞、总镉、总铬、六价铬、总砷、总铅等污染物浓度限值达到表 2 规定浓度限值，其他水污染物排放控制要求由企业与城镇污水处理厂根据其污水处理能力商定或执行相关标准。排入环境水体或排入未设置污水处理厂的排水管网的，应在转运站内对渗滤液进行处理并达到表 2 规定的浓度限值。

10. 环境和污染物监测要求

10.1 水污染物排放监测基本要求

10.1.1 生活垃圾填埋场的水污染物排放口须按照《排污口规范化整治技术要求（试行）》建设，设置符合 GB/T 15562.1 要求的污水排放口标志。

10.1.2 新建生活垃圾填埋场应按照《污染源自动监控管理办法》的规定，安装污染物排放自动监控设备，并与环保部门的监控中心联网，并保证设备正常运行。各地现有生活垃圾填埋场安装污染物排放自动监控设备的要求由省级环境保护行政主管部门规定。

10.1.3 对生活垃圾填埋场污染物排放情况进行监测的频次、采样时间等要求，按国家有关污染源监测技术规范的规定执行。

10.2 地下水水质监测基本要求

10.2.1 地下水水质监测井的布置

应根据场地水文地质条件，以及时反映地下水水质变化为原则，布设地下水监测系统。

(1) 本底井，一眼，设在填埋场地下水流向上游 30～50m 处；

(2) 排水井，一眼，设在填埋场地下水主管出口处；

(3) 污染扩散井，两眼，分别设在垂直填埋场地下水走向的两侧各30～50m处；

(4) 污染监视井，两眼，分别设在填埋场地下水流向下游30m、50m处。

大型填埋场可以在上述要求基础上适当增加监测井的数量。

10.2.2 在生活垃圾填埋场投入使用之前应监测地下水本底水平；在生活垃圾填埋场投入使用之时即对地下水进行持续监测，直至封场后填埋场产生的渗滤液中水污染物浓度连续两年低于表2中的限值时为止。

10.2.3 地下水监测指标为pH、总硬度、溶解性总固体、高锰酸盐指数、氨氮、硝酸盐、亚硝酸盐、硫酸盐、氯化物、挥发性酚类、氰化物、砷、汞、六价铬、铅、氟、镉、铁、锰、铜、锌、粪大肠菌群，不同质量类型地下水的质量标准执行GB/T 14848中的规定。

10.2.4 生活垃圾填埋场管理机构对排水井的水质监测频率应不少于每周一次，对污染扩散井和污染监视井的水质监测频率应不少于每2周一次，对本底井的水质监测频率应不少于每个月一次。

10.2.5 地方环境保护行政主管部门应对地下水水质进行监督性监测，频率应不少于每3个月一次。

10.3 生活垃圾填埋场管理机构应每6个月进行一次防渗衬层完整性的监测。

10.4 甲烷监测基本要求

10.4.1 生活垃圾填埋场管理机构应每天进行一次填埋场区和填埋气体排放口的甲烷浓度监测。

10.4.2 地方环境保护行政主管部门应每3个月对填埋区和填埋气体排放口的甲烷浓度进行一次监督性监测。

10.4.3 对甲烷浓度的每日监测可采用符合GB 13486要求或者具有相同效果的便携式甲烷测定器进行测定。对甲烷浓度的监督性监测应按照 HJ/T 38 中甲烷的测定方法进行测定。

10.5　生活垃圾填埋场管理机构和地方环境保护行政主管部门均应对封场后的生活垃圾填埋场的污染物浓度进行测定。化学需氧量、生化需氧量、悬浮物、总氮、氨氮等指标每 3 个月测定一次，其他指标每年测定一次。

10.6　恶臭污染物监测基本要求

10.6.1　生活垃圾填埋场管理机构应根据具体情况适时进行场界恶臭污染物监测。

10.6.2　地方环境保护行政主管部门应每 3 个月对场界恶臭污染物进行一次监督性监测。

10.6.3　恶臭污染物监测应按照 GB/T 14675 和 GB/T 14678 规定的方法进行测定。

10.7　污染物浓度测定方法采用表 4 所列的方法标准，地下水质量检测方法采用 GB 5750—2006 中的检测方法。

表 4　污染物浓度测定方法标准

序号	污染物项目	方法标准名称	方法标准编号
1	色度(稀释倍数)	水质　色度的测定	GB 11903—1989
2	化学需氧量(COD_{Cr})	水质　化学需氧量的测定　快速消解分光光度法	HJ/T 399—2007
3	生化需氧量(BOD_5)	水质　生化需氧量的测定　微生物传感器快速测定法	HJ/T 86—2002
4	悬浮物	水质　悬浮物的测定　重量法	GB 11901—1989
5	总氮	水质　总氮的测定　气相分子吸收光谱法	HJ/T 199—2005
6	氨氮	水质　氨氮的测定　气相分子吸收光谱法	HJ/T 195—2005
7	总磷	水质　总磷的测定　钼酸铵分光光度法	GB 11893—1989
8	粪大肠菌群数	水质　粪大肠菌群的测定　多管发酵法和滤膜法(试行)	HJ/T 347—2007
9	总汞	水质　总汞的测定　冷原子吸收分光光度法	GB 7468—1987
		水质　总汞的测定　高锰酸钾-过硫酸钾消解法　双硫腙分光光度法	GB 7469—1987
		水质　汞的测定　冷原子荧光法(试行)	HJ/T 341—2007

续表

序号	污染物项目	方法标准名称	方法标准编号
10	总镉	水质 镉的测定 双硫腙分光光度法	GB 7471—1987
11	总铬	水质 总铬的测定	GB 7466—1987
12	六价铬	水质 六价铬的测定 二苯碳酰二肼分光光度法	GB 7467—1987
13	总砷	水质 总砷的测定 二乙基二硫代氨基甲酸银分光光度法	GB 7485—1987
14	总铅	水质 铅的测定 双硫腙分光光度法	GB 7470—1987
15	甲烷	固定污染源排气中非甲烷总烃的测定 气相色谱法	HJ/T 38—1999
16	恶臭	空气质量 恶臭的测定 三点式比较臭袋法	GB/T 14675—1993
17	硫化氢、甲硫醇、甲硫醚和二甲二硫	空气质量 硫化氢、甲硫醇、甲硫醚和二甲二硫的测定 气相色谱法	GB/T 14678—1993

10.8 生活垃圾填埋场应按照有关法律和《环境监测管理办法》的规定，对排污状况进行监测，并保存原始监测记录。

11. 实施要求

11.1 本标准由县级以上人民政府环境保护行政主管部门负责监督实施。

11.2 在任何情况下，生活垃圾填埋场均应遵守本标准的污染物排放控制要求，采取必要措施保证污染防治设施正常运行。各级环保部门在对生活垃圾填埋场进行监督性检查时，可以现场即时采样，将监测的结果作为判定排污行为是否符合排放标准以及实施相关环境保护管理措施的依据。

11.3 对现有和新建生活垃圾填埋场执行水污染物特别排放限值的地域范围、时间，由国务院环境保护主管部门或省级人民政府规定。

附录二 《生活垃圾处理技术指南》（建城［2010］61号）

生活垃圾处理技术指南

生活垃圾处理是城市管理和公共服务的重要组成部分，是建设资源节约型和环境友好型社会，实施治污减排，确保城市公共卫生安全，提高人居环境质量和生态文明水平，实现城市科学发展的一项重要工作。

我国已颁布的《城市生活垃圾处理及污染防治技术政策》与我国经济发展水平相适应，符合国际生活垃圾处理技术发展方向，在其指导下，我国生活垃圾处理设施建设与处理水平有了较大提高。但是，随着我国经济社会的快速发展和城镇化进程的加快，城市人口不断增加，生活垃圾产生量持续上升同处理能力不足间的矛盾日益凸显，生活垃圾处理与管理工作面临严峻挑战。

为保障我国生活垃圾无害化处理能力的不断增强、无害化处理水平不断提高，指导各地选择适宜的生活垃圾处理技术路线，有序开展生活垃圾处理设施规划、建设、运行和监管，根据《中华人民共和国固体废物污染环境防治法》等相关法律法规、标准规范和技术政策，制定本指南。

1. 总则

1.1 基本要求

1.1.1 生活垃圾处理应以保障公共环境卫生和人体健康、防止环境污染为宗旨，遵循“减量化、资源化、无害化”原则。

1.1.2 应尽可能从源头避免和减少生活垃圾产生，对产生的生活垃圾应尽可能分类回收，实现源头减量。分类回收的垃圾应实施分类运输和分类资源化处理。通过不断提高生活垃圾处理水平，确保生活垃圾得到无害化处理和处置。

1.1.3 生活垃圾处理应统筹考虑生活垃圾分类收集、生活垃圾转运、生活垃圾处理设施建设、运行监管等重点环节，落实生活垃圾收运和处理过程中的污染控制，着力构建“城乡统筹、技术合理、能力充足、环保达标”的生活垃圾处理体系。

1.1.4 生活垃圾处理工作应纳入国民经济和社会发展计划，采取有利于环境保护和综合利用的经济、技术政策和措施，促进生活垃圾处理的产业化发展。

1.2 生活垃圾分类与减量

1.2.1 应通过加大宣传，提高公众的认识水平和参与积极性，扩大生活垃圾分类工作的范围和城市数量，大力推广生活垃圾源头分类。

1.2.2 将废纸、废金属、废玻璃、废塑料的回收利用纳入生活垃圾分类收集范畴，建立具有我国特色的生活垃圾资源再生模式，有效推进生活垃圾资源再生和源头减量。

1.2.3 鼓励商品生产厂家按国家有关清洁生产的规定设计、制造产品包装物，生产易回收利用、易处置或者在环境中可降解的包装物，限制过度包装，合理构建产品包装物回收体系，减少一次性消费产生的生活垃圾对环境的污染。

1.2.4 鼓励净菜上市、家庭厨余生活垃圾分类回收和餐厨生活垃圾单独收集处理，加强可降解有机垃圾资源化利用和无害化处理。

1.2.5 通过改变城市燃料结构，提高燃气普及率和集中供热率，减少煤灰垃圾产生量。

1.2.6 根据当地的生活垃圾处理技术路线，制定适合本地区的生活垃圾分类收集模式。生活垃圾分类收集应该遵循有利资源再生、有利防止二次污染和有利生活垃圾处理技术实施的原则。

1.3 生活垃圾收集与运输

1.3.1 加快建设与生活垃圾源头分类和后续处理相配套的分类收集和分类运输体系，推进生活垃圾收集和运输的数字化管理工作。

1.3.2 应实现密闭化生活垃圾收集和运输，防止生活垃圾暴露和散落，防止垃圾渗滤液滴漏，淘汰敞开式收集方式。

1.3.3 应逐步提高生活垃圾机械化收运水平，鼓励采用压缩式方式收集和运输生活垃圾。

1.3.4 应加强生活垃圾收运设施建设，重点是区域性大中型转运站建设。

1.3.5 拓展生活垃圾收运服务范围，加强县城和村镇生活垃圾的收集。

1.4 生活垃圾处理与处置

1.4.1 应结合当地的人口聚集程度、土地资源状况、经济发展水平、生活垃圾成分和性质等情况，因地制宜地选择生活垃圾处理技术路线，并应满足选址合理、规模适度、技术可行、设备可靠和可持续发展等方面的要求。

1.4.2 应在保证生活垃圾无害化处理的基础上，加强生活垃圾的分类处理和资源回收利用。单独收集的危险废物或处理过程中产生的危险废物应按国家有关规定处理。具备条件的城市可采用对多种处理技术集成进行生活垃圾综合处理，实现各种处理技术优势互补。规划和建设生活垃圾综合处理园区是节约土地资源、加强生活垃圾处理设施污染控制、全面提升生活垃圾处理水平的有效途径。

1.4.3 应依法对新建生活垃圾处理和处置的项目进行环境影响评价，符合国家规定的环境保护和环境卫生标准，从生活垃圾中回收的物质必须按照国家规定的用途或者标准使用。

1.4.4 应保障生活垃圾处理设施运行水平，确保污染物达标排放。运行单位应编制生产作业规程及运行管理手册并严格执行，按要求进行环境监测，做好安全生产工作。

1.4.5 加强设施运行监管，实现政府监管与社会监管相结合，技术监管与市场监管相结合，运行过程监管和污染排放监管相结合。

2. 生活垃圾处理技术的适用性

2.1 卫生填埋

2.1.1 卫生填埋技术成熟，作业相对简单，对处理对象的要求较低，在不考虑土地成本和后期维护的前提下，建设投资和运行成本相对较低。

2.1.2 卫生填埋占用土地较多，臭气不容易控制，渗滤液处理难度较高，生活垃圾稳定化周期较长，生活垃圾处理可持续性较差，环境风险影响时间长。卫生填埋场填满封场后需进行长期维护，以及重新选址和占用新的土地。

2.1.3 对于拥有相应土地资源且具有较好的污染控制条件的地区，可采用卫生填埋方式实现生活垃圾无害化处理。

2.1.4 采用卫生填埋技术，应通过生活垃圾分类回收、资源化处理、焚烧减量等多种手段，逐步减少进入卫生填埋场的生活垃圾量，特别是有机物数量。

2.2 焚烧处理

2.2.1 焚烧处理设施占地较省，稳定化迅速，减量效果明显，生活垃圾臭味控制相对容易，焚烧余热可以利用。

2.2.2 焚烧处理技术较复杂，对运行操作人员素质和运行监管水平要求较高，建设投资和运行成本较高。

2.2.3 对于土地资源紧张、生活垃圾热值满足要求的地区，可采用焚烧处理技术。

2.2.4 采用焚烧处理技术，应严格按照国家和地方相关标准处理焚烧烟气，并妥善处置焚烧炉渣和飞灰。

2.3 其他技术

2.3.1 其他技术主要包括生物处理、水泥窑协同处置等技术。

2.3.2 生物处理适用于处理可降解有机垃圾，如分类收集的家庭厨余垃圾、单独收集的餐厨垃圾、单独收集的园林垃圾等。对于进行分类回收可降解有机垃圾的地区，可采用适宜的生物处理技术。对于生活垃圾混合收集的地区，应审慎采用生物处理技术。

2.3.3　采用生物处理技术，应严格控制生物处理过程中产生的臭气，并妥善处置生物处理产生的污水和残渣。

2.3.4　经过分类的生活垃圾，可作为替代燃料进入城市附近大型水泥厂的新型干法水泥窑处理。

2.3.5　水泥窑协同处置要符合国家产业政策和准入条件，并按照相关标准严格控制污染物的产生和排放。

3. 生活垃圾处理设施建设技术要求

3.1　卫生填埋场

3.1.1　卫生填埋场的选址应符合国家和行业相关标准的要求。

3.1.2　卫生填埋场设计和建设应满足《生活垃圾卫生填埋技术规范》(CJJ 17)、《生活垃圾卫生填埋处理工程项目建设标准》和《生活垃圾填埋场污染控制标准》(GB 16889) 等相关标准的要求。

3.1.3　卫生填埋场的总库容应满足其使用寿命10年以上。

3.1.4　卫生填埋场必须进行防渗处理，防止对地下水和地表水造成污染，同时应防止地下水进入填埋区。鼓励采用厚度不小于1.5mm的高密度聚乙烯膜作为主防渗材料。

3.1.5　填埋区防渗层应铺设渗滤液收集导排系统。卫生填埋场应设置渗滤液调节池和污水处理装置，渗滤液经处理达标后方可排放到环境中。调节池宜采取封闭等措施防止恶臭物质污染大气。

3.1.6　垃圾渗滤液处理宜采用“预处理-生物处理-深度处理和后处理”的组合工艺。在满足国家和地方排放标准的前提下，经充分的技术可靠性和经济合理性论证后也可采用其他工艺。

3.1.7　生活垃圾卫生填埋场应实行雨污分流并设置雨水集排水系统，以收集、排出汇水区内可能流向填埋区的雨水、上游雨水以及未填埋区域内未与生活垃圾接触的雨水。雨水集排水系统收集的雨水不得与渗滤液混排。

3.1.8 卫生填埋场必须设置有效的填埋气体导排设施，应对填埋气体进行回收和利用，严防填埋气体自然聚集、迁移引起的火灾和爆炸。卫生填埋场不具备填埋气体利用条件时，应导出进行集中燃烧处理。未达到安全稳定的旧卫生填埋场应完善有效的填埋气体导排和处理设施。

3.1.9 应确保生活垃圾填埋场工程建设质量。选择有相应资质的施工队伍和有质量保证的施工材料，制订合理可靠的施工计划和施工质量控制措施，避免和减少由于施工造成的防渗系统的破损和失效。填埋场施工结束后，应在验收时对防渗系统进行完整检测，以发现破损并及时进行修补。

3.2 焚烧厂

3.2.1 生活垃圾焚烧厂选址应符合国家和行业相关标准的要求。

3.2.2 生活垃圾焚烧厂设计和建设应满足《生活垃圾焚烧处理工程技术规范》(CJJ 90)、《生活垃圾焚烧处理工程项目建设标准》和《生活垃圾焚烧污染控制标准》(GB 18485) 等相关标准以及各地地方标准的要求。

3.2.3 生活垃圾焚烧厂年工作日应为365d，每条生产线的年运行时间应在8000h以上。生活垃圾焚烧系统设计服务期限不应低于20年。

3.2.4 生活垃圾池有效容积宜按5-7d额定生活垃圾焚烧量确定。生活垃圾池应设置垃圾渗滤液收集设施。生活垃圾池内壁和池底的饰面材料应满足耐腐蚀、耐冲击负荷、防渗水等要求，外壁及池底应作防水处理。

3.2.5 生活垃圾在焚烧炉内应得到充分燃烧，二次燃烧室内的烟气在不低于850℃的条件下滞留时间不小于2s，焚烧炉渣热灼减率应控制在5%以内。

3.2.6 烟气净化系统必须设置袋式除尘器，去除焚烧烟气中的粉尘污染物。酸性污染物包括氯化氢、氟化氢、硫氧化物、氮氧化物等，应选用干法、半干法、湿法或其组合处理工艺对其进行去除。应优先考虑通过生活垃圾焚烧过程的燃烧控制，抑制氮氧化物的产生，并宜设置脱氮氧化物系统或预留该系统安装位置。

3.2.7 生活垃圾焚烧过程应采取有效措施控制烟气中二噁英的排放，具体措施包括：严格控制燃烧室内焚烧烟气的温度、停留时间与气流扰动工况；减少烟气在200～500℃温度区的滞留时间；设置活性炭粉等吸附剂喷入装置，去除烟气中的二噁英和重金属。

3.2.8 规模为300t/d及以上的焚烧炉烟囱高度不得小于60m，烟囱周围半径200m距离内有建筑物时，烟囱应高出最高建筑物3m以上。

3.2.9 生活垃圾焚烧厂的建筑风格、整体色调应与周围环境相协调。厂房的建筑造型应简洁大方，经济实用。厂房的平面布置和空间布局应满足工艺及配套设备的安装、拆换与维修的要求。

4. 生活垃圾处理设施运行监管要求

4.1 卫生填埋场

4.1.1 填埋生活垃圾前应制订填埋作业计划和年、月、周填埋作业方案，实行分区域单元逐层填埋作业，控制填埋作业面积，实施雨污分流。合理控制生活垃圾摊铺厚度，准确记录作业机具工作时间或发动机工作小时数，填埋作业完毕后应及时覆盖，覆盖层应压实平整。运行、监测等各项记录应及时归档。

4.1.2 加强对进场生活垃圾的检查，对进场生活垃圾应登记其来源、性质、重量、车号、运输单位等情况，防止不符合规定的废物进场。

4.1.3 卫生填埋场运行应有灭蝇、灭鼠、防尘和除臭措施，并在卫生填埋场周围合理设置防飞散网。

4.1.4 产生的垃圾渗滤液应及时收集、处理，并达标排放，渗滤液处理设施应配备在线监测控制设备。

4.1.5 应保证填埋气体收集井内管道连接顺畅，填埋作业过程应注意保护气体收集系统。填埋气体及时导排、收集和处理，运行记录完整；填埋气体集中收集系统应配备在线监测控制设备。

4.1.6　填埋终止后，要进行封场处理和生态环境恢复，要继续导排和处理垃圾渗滤液和填埋气体。

4.1.7　卫生填埋场稳定以前，应对地下水、地表水、大气进行定期监测。对排水井的水质监测频率应不少于每周一次，对污染扩散井和污染监视井的水质监测频率应不少于每2周一次，对本底井的水质监测频率应不少于每月一次；每天进行一次卫生填埋场区和填埋气体排放口的甲烷浓度监测；根据具体情况适时进行场界恶臭污染物监测。

4.1.8　卫生填埋场稳定后，经监测、论证和有关部门审定后，确定是否可以对土地进行适宜的开发利用。

4.1.9　卫生填埋场运行和监管应符合《城市生活垃圾卫生填埋场运行维护技术规程》（CJJ 93）、《生活垃圾填埋场污染控制标准》（GB 16889）等相关标准的要求。

4.2　焚烧厂

4.2.1　卸料区严禁堆放生活垃圾和其他杂物，并应保持清洁。

4.2.2　应监控生活垃圾贮坑中的生活垃圾贮存量，并采取有效措施导排生活垃圾贮坑中的渗滤液。渗滤液应经处理后达标排放，或可回喷进焚烧炉焚烧。

4.2.3　应实现焚烧炉运行状况在线监测，监测项目至少包括焚烧炉燃烧温度、炉膛压力、烟气出口氧气含量和一氧化碳含量，应在显著位置设立标牌，自动显示焚烧炉运行工况的主要参数和烟气主要污染物的在线监测数据。当生活垃圾燃烧工况不稳定、生活垃圾焚烧锅炉炉膛温度无法保持在850℃以上时，应使用助燃器助燃。相关部门要组织对焚烧厂二噁英排放定期检测和不定期抽检工作。

4.2.4　生活垃圾焚烧炉应定时吹灰、清灰、除焦；余热锅炉应进行连续排污与定时排污。

4.2.5　焚烧产生的炉渣和飞灰应按照规定进行分别妥善处理或处

置。经常巡视、检查炉渣收运设备和飞灰收集与贮存设备，并应做好出厂炉渣量、车辆信息的记录、存档工作。飞灰输送管道和容器应保持密闭，防止飞灰吸潮堵管。

4.2.6 对焚烧炉渣热灼减率至少每周检测一次，并作相应记录。焚烧飞灰属于危险废物，应密闭收集、运输并按照危险废物进行处置。经处理满足《生活垃圾填埋场污染控制标准》（GB 16889）要求的焚烧飞灰，可以进入生活垃圾填埋场处置。

4.2.7 烟气脱酸系统运行时应防止石灰堵管和喷嘴堵塞。袋式除尘器运行时应保持排灰正常，防止灰搭桥、挂壁、粘袋；停止运行前去除滤袋表面的飞灰。活性炭喷入系统运行时应严格控制活性炭品质及当量用量，并防止活性炭仓高温。

4.2.8 处理能力在600t/d以上的焚烧厂应实现烟气自动连续在线监测，监测项目至少应包括氯化氢、一氧化碳、烟尘、二氧化硫、氮氧化物等，并与当地环卫和环保主管部门联网，实现数据的实时传输。

4.2.9 应对沼气易聚集场所如料仓、污水及渗滤液收集池、地下建筑物内、生产控制室等处进行沼气日常监测，并做好记录；空气中沼气浓度大于1.25%时应进行强制通风。

4.2.10 各工艺环节采取臭气控制措施，厂区无明显臭味；按要求使用除臭系统，并按要求及时维护。

4.2.11 应对焚烧厂主要辅助材料（如辅助燃料、石灰、活性炭等）消耗量进行准确计量。

4.2.12 应定期检查烟囱和烟囱管，防止腐蚀和泄漏。

4.2.13 生活垃圾焚烧厂运行和监管应符合《生活垃圾焚烧厂运行维护与安全技术规程》（CJJ 128）、《生活垃圾焚烧污染控制标准》（GB 18485）等相关标准的要求。

参考文献

［1］ 祁国平，等译. 垃圾卫生填埋场设计参考资料. 北京：中国建筑技术发展中心市政技术情报部，1986，156-162.

［2］ H. D. Robinson，et al. Leachate Collection，Trealment and Disposal. Water and Environmental Management，1992，6 (3)：321-332.

［3］ T. h. Christensen. R. Cossu. R. Stegmann. Landilling of Waste：Leachate. Elsevier Appl：ed Science，1992，185-202.

［4］ H. D. Robinson，et al. Charactenzation and Treatment of Leachates from HongKong Landfll Srtes. Water and Environmental Management，1991. 5 (3)：326-335.

［5］ J. Roedniguez lglesias，et al Biomethanization of Municipal Solid Waste ina Pilot Plant. Wat Res，2000，34 (2)：447-454.

［6］ 金冬梅. 城市垃圾的处理和防治污染对策. 城市环境与城市生态，1996，9 (3)：62-64.

［7］ 郑雅杰. 我国城市垃圾渗滤液量预测与污染防治对策. 城市环境与城市生态，1997，10 (1)：29-33.

［8］ 钱学德，郭志平. 填埋场复合衬垫系统. 水利水电科技进展，1997，17 (5)：64-68.

［9］ 汪慧贞，沈家杰. 英国垃圾填埋场渗沥水处理及其沼气利用简介. 给水排水，1994，20 (7)：23-25.

［10］ 孙玥. 垃圾填埋场渗沥水水量平衡的机理和实验研究. 硕士论文. 同济大学，1998：2-3.

［11］ 郑幸雄，等. 生物硝化脱硝组合程序处理垃圾渗出水之技术开发. 第四届海峡两岸环境保护学术研讨会会议录，1996：1197-1205.

［12］ W elander. U. Henrysson，T. Degradation of organic compounds in a municipal landfill leachate trealed in a suspended -carrier biofilmprocess. Water Research，1998，70 (7)：1236-1241.

［13］ Ketunen. Ritta H. el al. Performance of an on-site UASB reactor treating leachate at low temperalure. W ater Research，1998，32 (3)：537-546.

［14］ Chianese. Angleo. Ranauro. Rolando. Verdone. Nicola，Treatmenl of Landfll Leachate by reverse osmosis. Water Research，1999 33 (3)：647-652.

[15] Bae. Byung-UK. et al. Treatment of landfill leachate using activaled sludge process and electron -beam radiation. Water Research，1999，33（11）：2669-2673.

[16] 何祝英.生活垃圾卫生填埋场环境监测的探讨.有色冶金设计与研究，1999，20（2）：67-70.

[17] 郑雅杰.我国城市垃圾渗滤液量预测与污染防治对策.城市环境与城市生态.1997，10（1）：29-33.

[18] Ahmet Uygur，Fikret Kargi. Biological nutrient removal from pretreated landfill leachate in a sequencing batch reactor [J]. Journal of Environmental Management，2004，71（1）：9-14.

[19] Fikret Kargi，M Yunus Pamukoglu. Aerobic biological treatment of pre-treated landfill leachate by fed-batch operation [J]. Enzyme and Microbial Technology，2003，33（5）：588-595.

[20] Fikret Kargi，M Yunus Pamukoglu. Simultaneous adsorption and biological treatment of pre-treated landfill leachate by fed-batch operation [J]. Process Biochemistry，2003，38（10）：1413-1420.

[21] Fikret Kargi，M Yunus Pamukoglu. Repeated fed-batch biological treatment of pre-treated landfill leachate by powdered activated carbon addition [J]. Enzyme and Microbial Technology，2004，34（5）：422-428.

[22] Fikret Kargi，M Yunus Pamukoglu. Adsorbent supplemented biological treatment of pre-treated landfill leachate by fed-batch operation [J]. Bioresource Technology，2004，94（3）：285-291.

[23] M X Loukidou，A I Zouboulis. Comparison of two biological treatment processes using attached-growth biomass for sanitary landfill leachate treatment [J]. Environmental Pollution，2001，111（2）：273-281.

[24] J P Y Jokela，R H Kettunen，K M Sormunen，et al. Biological nitrogen removal from municipal landfill leachate：low-cost nitrification in biofilters and laboratory scale in-situ denitrification [J]. Water Research，2002，36（16）：4079-4087.

[25] B Calli，B Mertoglu，K Roest，et al. Comparison of long-term performances and final microbial compositions of anaerobic reactors treating landfill leachate [J]. Bioresource Technology，2006，97（4）：641-647.

[26] K J Kennedy，E M Lentz. Treatment of landfill leachate using sequencing batch and continuous flow upflow anaerobic sludge blanket（UASB）reactors [J]. Water Research，2000，34（14）：3640-3656.

[27] Jeong-hoon Im, Hae-jin Woo, Myung-won Choi, et al. Simultaneous organic and nitrogen removal from municipal landfill leachate using an anaerobic-aerobic system [J]. Water Research, 2001, 35 (10): 2403-2410.

[28] Niina Laitinen, Antero Luonsi, Jari Vilen. Landfill leachate treatment with sequencing batch reactor and membrane bioreactor [J]. Desalination, 2006, 191 (1-3): 86-91.

[29] Osman Nuri Agdag, Delia Teresa Sponza. Anaerobic/aerobic treatment of municipal landfill leachate in sequential two-stage upflow anaerobic sludge blanket reactor (UASB) /completely stirred tank reactor (CSTR) systems [J]. Process Biochemistry, 2005, 40 (2): 895-902.

[30] Claudio Di Iaconi, Roberto Ramadori, Antonio Lopez. Combined biological and chemical degradation for treating a mature municipal landfill leachate [J]. Biochemical Engineering Journal, 2006, 31 (2): 118-124.

[31] Won-Young Ahn, Moon-Sun Kang, Seong-Keun Yim, et al. Advanced landfill leachate treatment using an integrated membrane process [J]. Desalination, 2002, 149 (1-3): 109-114.

[32] M Heavey, Low-cost treatment of landfill leachate using peat [J]. Waste Management, 2003, 23 (5): 447-454.

[33] Aizhong Ding, Zonghu Zhang, Jiamo Fu, et al. Biological controlof leachate from municipal landfills [J]. Chemosphere, 2001, 44 (1): 1-8.

[34] 任婉侠，耿涌，薛冰. 沈阳市生活垃圾排放现状及产生量预测 [J]. 环境科学与技术，2011，34 (9): 105-112.

[35] 郑铁鑫. 城市垃圾处理场对地下水的污染 [J]. 环境科学，1999，10 (3): 89-92.

[36] 郭浩磊，潘玉，曾正中. 国内外垃圾填埋场防渗系统的比较与探讨 [J]. 环境工程，2010，28 (1): 459-462.

[37] GB 16889—2008

[38] Berge ND, Reinhart DR, Dietz JD. The impact of temperature and gas-phase oxygen on kinetics of in situ ammonia removal in bioreactor landfill leachate [J]. Water Research, 2007, 41 (9): 1907-1914.

[39] 宋燕杰，彭永臻，刘牡. 生物组合工艺处理垃圾渗滤液的研究进展 [J]. 水处理技术，2011，37 (4): 25-32.

[40] Sun H W, Yang Q, Peng Y Z. Advanced landfill leachate treatment using a two-stage UASB-SBR system at low temperature [J]. Environment Science, 2010, 22 (4):

481-485.

[41] Corteza A S, Teixeiraa P, Oliveira R. Ozonation as polishing treatment of mature landfill leachate [J]. Journal of Hazardous Materials, 2010, 182 (123): 730-734.

[42] 赵威，席北斗，赵越. 简易填埋场垃圾渗滤液水溶性有机物对 Pb（Ⅱ）迁移转化特性的影响 [J]. 环境科学研究，2014，27（5）：527-533.

[43] 庞会从，高太忠，余国山. 垃圾渗滤液中溶解性有机物对土壤重金属吸附 [J]. 环境科学研究，2010，23（2）：215-221.

[44] 喻晓，张甲耀，刘楚良. 垃圾渗滤液污染特性及其处理技术研究和应用趋势 [J]. 环境科学与技术，2002；22（4）：43-44.

[45] 聂永丰. 三废处理工程技术手册·固体废物卷 [M]. 北京：化学工业出版社，2000.

[46] 王宝贞，王琳. 城市固体废物渗滤液处理与处置 [M]. 北京：化学工业出版社，2005：1-2.

[47] 胡蝶，陈文清，张奎. 垃圾渗滤液处理工艺实例分析 [J]. 水处理技术，2011，37（3）：132-135.

[48] Peng Y Z, Zhang S J, Zeng W. Organic removal by denitritation and methanogenesis and nitrogen removal by nitritation from landfill leachate. Water Research, 2008; 42 (4/5): 883-892.

[49] 张正安，黄飞. 垃圾填埋渗滤液的环境污染与处理 [J]. 污染防治技术，2009，22（1）：40-43.

[50] 付美云. 垃圾渗滤液的环境污染特征及其研究进展 [J]. 华南大学学报：自然科学版，2009，23（2）：90-95.

[51] Duggan J. The potential for landfill leachate treatment using willowsin the UK-A critical review [J]. Research Conser and Recycle, 2005, 45 (1): 97-113.

[52] 齐利华，祖士卿，邹宝华. 二级 SBBR 预处理晚期垃圾渗滤液试验研究 [J]. 水处理技术，2012，38（11）：94-98.

[53] Liu X, Li XM, Yang Q. Landfill leachate pretreatment bycoagulation-flocculation process using iron-based coagulants: Optimizationby response surface methodology [J]. Chemical EngineeringJournal, 2012, 200-202: 39-51.

[54] Xu ZY, Zeng G M, Yang ZH. Biological treatment oflandfill leachate with the integration of partial nitrification, anaerobicammonium oxidation and heterotrophicdenitrification [J]. BioresourceTechnology, 2010, 101: 79-86.

[55] 柳娴，李小明，申婷婷. 生物工艺处理垃圾渗滤液的研究进展 [J]. 广州化工，2012；40（18）：5-8.

[56] 郑晓宁，徐琳琳，李凤．垃圾渗滤液的现状及处理工艺［J］．科技信息，2012，1（13）：417-418.

[57] 聂旭，赵非超．浅析垃圾渗滤液处理技术［J］．广西轻工业，2010，3（3）：70-72.

[58] 郑毅．垃圾渗滤液处理现状及发展［J］．广东化工，2012，39（12）：103-105.

[59] 周少奇，杨志泉．广州垃圾填埋渗滤液中有机污染物的去除效果［J］．环境科学，2005，3（1）：34-40.

[60] 李颖．垃圾渗滤液处理技术与工程实例［M］．北京：中国环境科学出版社，2006.

[61] 吴莉娜，宋燕杰，刘牡．两级 UASB-A/O-SBR 工艺深度处理晚期垃圾渗滤液［J］．中南大学学报（自然科学版），2011，42（8）：2520-2525.

[62] Wu L N，Peng C Y，Zhang S J. Nitrogen removal via nitrite from municipal landfill leachate［J］. Journal of Environmental Sciences，2009，21（1）：1480-1485.

[63] 沈耀良．垃圾填埋场渗沥液中重金属的去除［J］．环境保护，1994，1（3）：15-16.

[64] 汪群慧．固体废弃物处理及资源化［M］．北京：化学工业出版社，2004：43-46.

[65] 赵宗升．城市生活垃圾渗滤液水质和处理研究［D］．清华大学博士学位论文．2001：30-40.

[66] 闵祥发，张树军，邓曼适．城市垃圾卫生填埋渗滤液处理方案及处理工艺［J］．电站系统工程，2003，19（4）：14-18.

[67] 彭永臻，张树军，郑淑文．城市生活垃圾填埋场渗滤液生化处理过程中重金属离子问题［J］．环境污染治理技术与设备，2006，7（1）：1-5.

[68] Andreottola G. Chemical and biological characteristics of landfill leachate：landfilling of waste：leachate［J］. London：Elsevier Applied Science，1992；9（5）：10-30.

[69] Nehrenheim E，Waara S，Westholm J L. Metal retention on pine bark and blast furnace slag-on-site experiment for treatment of low strength landfill leachate［J］. Bioresource Technology，2008；99（5）：998-1005.

[70] 金永祥，陶丽娟，周展浩．复合式缺氧-好氧法处理晚期垃圾渗滤液研究［J］．水处理技术，2010，36（2）：98-101.

[71] Wang K，Wang S Y，Zhu R L. Advanced nitrogen removal from landfill leachate without additionof external carbon using a novel system coupling ASBR and modified SBR［J］. Bioresource Technology，2013，134（1）：212-218.

[72] 王丽君，刘玉忠，张列宇．地下土壤渗滤系统中溶解性有机物组成及变化规律研究［J］．光谱学与光谱分析，2013，33（8）：2123-2127.

[73] 史一欣，倪晋仁．晚期垃圾渗滤液短程硝化影响因素研究［J］．环境工程学报，2007，1（7）：110-114.

[74] 张树军，彭永臻，王淑莹.城市生活垃圾晚期渗滤液中氨氮的常温短程去除［J].化工学报，2007，58（4）：1042-1047.

[75] Chemlal R，Azzouz L，Kemani R. Combination of advanced oxidation and biological processes for the landfill leachate treatment［J]. Ecological Engineering，2014，73（1）：281-289.

[76] 吴莉娜.厌氧-好氧处理垃圾渗滤液与短程深度脱氮［D].北京：北京工业大学，2011.

[77] 张树军.两级 UASB+A/O 系统处理城市垃圾渗滤液及短程脱氮［D].北京：北京工业大学，2006.

[78] Vilar A，Eiroa M，Kennes C. The SHARON process in the treatment of landfill leachate［J]. Water Science and Technology，2010，61（1）：47-52.

[79] 崔荣，李金玲，李凤德.利用垃圾渗滤液富集培养氨氧化菌［J].环境科学研究，2011，24（4）：452-455.

[80] Sun H W，Yang Q，Peng Y Z. Advanced landfill leachate treatment using a two-stage UASB-SBR system at low temperature［J]. Environment Science，2010，22（4）：481-485.

[81] Cortea S，Teixeiraa P，Oliverira R，et al. Ozonation as polishing treatment of mature landfill leachate［J]. Journal of Hazardous Materials，2010，182（123）：730-734.

[82] Bohdziewicz J，Kwarciak A. The application of hybrid system UASB reactor-RO in landfill leachate treatment［J]. Desalination，2008，222（1/2/3）：128-134.

[83] 吴莉娜，史枭，张杰. UASB1-A/O-ANR 深度处理垃圾渗滤液［J].环境科学研究，2015，28（8）：1331-1336.

[84] AMOR C，TORRES-SOCIAS E D，PERES J A. Mature landfill leachate treatment by coagulation/flocculation combined with Fenton and solar photo-Fenton processes［J]. Journal of Hazardous Materials，2014，286：261-268.

[85] 王凯，武道吉，彭永臻，王淑莹.垃圾渗滤液处理工艺研究及应用现状浅析［J].北京工业大学学报，2018，44（01）：1-12.

[86] 吴莉娜，涂楠楠，程继坤，彭永臻，张杰，陈柯羽，刘寒冰.垃圾渗滤液水质特性和处理技术研究［J].科学技术与工程，2014，14（31）：136-143.

[87] 周少奇，杨志泉.广州垃圾填埋渗滤液中有机污染物的去除效果［J].环境科学，2005；3（1）：34-40.

[88] BAIG S，COULOMB I，COURANT P，et al. Treatment of landfill leachates：lapeyrouse and satrod case studies［J]. Ozone：Science & Engineering，1999，21（1）：

1-22.

[89] GABARRO J, GANIGUER, GICH F, et al. Effect of temperature on AOB activity of a partial nitritation SBR treating landfill leachate with extremely high nitrogenconcentration [J]. Bioresource Technology, 2012, 126: 283-289.

[90] Tjasa G. Long term performance of a constructed wetland for landfill leachate treatment. Ecological Engineering [J]. 2006; 26: 365-374.

[91] WU L N, LIANG D W, XU Y Y, et al. A robust and cost-effective integrated process for nitrogen and bio-refractory organics removal from landfill leachate via short-cut nitrification, anaerobic ammonium oxidation in tandem with electrochemical oxidation [J]. Bioresource Technology, 2016, 212: 296-301.

[92] ZHANG G L, QIN L, MENG Q, et al. Aerobic SMBR/reverse osmosis system enhanced by Fenton oxidation for advanced treatment of old municipal landfill leachate [J]. Bioresource Technology, 2013, 142: 261-268.

[93] ALKHAFAJI R A, BAO J G, DU J K. Nonbiodegradable landfill leachate treatment by combined process of agitation, coagulation, SBR and filtration [J]. Waste Management, 2014, 34 (2): 439-447.

[94] DIA O, DROGUI P, BUELNA G, et al. Coupling biofiltration process and electrocoagulation using magnesium-based anode for the treatment of landfill leachate [J]. Journal of Environmental Management, 2016, 181: 477-483.

[95] SHERIF I, AHMED T. Performance of passive aerated immobilized biomass reactor coupled with Fenton process for treatment of landfill leachate [J]. International Biodeterioration&Biodegradation, 2016, 111: 22-30.

[96] MIAO L, WANG K, WANG S Y, et al. Advanced nitrogen removal from landfill leachate using real-time controlled three-stage sequence batch reactor (SBR) system [J]. Bioresource Technology, 2014, 159: 258-265.

[97] Lan C J, Kumar M, Wang C C, et al. Development of simultaneous partial nitrification, anammox and denitrification (SNAD) process in a sequential batch reactor [J]. Bioresource Technology, 2011, 102 (9): 5514-5519.

[98] He Yan, Zhou Gongming, Huang Minsheng, et al. Assessment of inocula and N-removal performance of anaerobic ammonium oxidation (ANAMMOX) for the treatment of aged landfill leachates [J]. Advanced Materials Research, 2012, 518: 2391-2398.

[99] 沈振华，刘鸣，宋环宇. 城市垃圾填埋场渗滤液废水处理工艺改良 [J]. 科技资讯，

2018，16（10）：127-129.

[100] 唐霂. 浅谈垃圾填埋场渗滤液处理技术进展 [J]. 化学工程与备，2018（05）：311-313.

[101] 钱易，王凤芹. 常温下厌氧生物滤池处理生活污水的试验研究. 给水排水，1994.

[102] 谭万春. UASB工艺及工程实例. 北京：化学工业出版社，2009.

[103] Hanne V. H.，Birgitte K. A.. Intergrated removeal of nitrate and carbon in an up-flow Anaenabic sludge blanke treactor（UASB）：Operating performance [J]. Wat. Res.，1996. 30，1451-1458.

[104] R. H. Kettuuen，T. H. Hoilijoki，J. A. Rintala. Anaerobic and sequential anaerobic-aerebie Treatments of municipal landfill leachate at low temperatures [J]. Bioreseurce Teehonology，1996，58：31-40.

[105] H. TIMUR，I. OZTURK. Araerobic sequencing bateh reactor treatment of landfill leaehate [J]. Wat. Res.，1999，33（15）：3225-3230.

[106] 李军，王宝贞，等. 生活垃圾渗滤液处理中试研究 [J]. 中国给水排水，2002. 18（3）：1-6.

[107] 龙腾锐，何强. 排水工程. 北京：中国建筑出版社，2015.

[108] 张彤，赵庆祥，朱怀玉. 城市垃圾渗滤液及其生物处理对策 [J]. 城市环境与城市生态，1994，4：42-48.

[109] 邹长伟，徐美生，黄虹，万金保. 垃圾填埋场渗滤液的处理技术 [J]. 环境与开发，2001，3.

[110] 宋志伟，李燕主编. 水污染控制工程. 北京：中国矿业大学出版社，2013.

[111] 王小虎，等. SBR法处理垃圾渗滤液试验研究 [J]. 环境卫生工程，2000，8（4）：147-150.

[112] 谢可蓉，等. SBR法在垃圾渗滤液治理中的研究及应用 [J]. 广东工业大学学报，2001. 18（4）：90-93.

[113] 孙召强，等. CASS工艺处理垃圾渗滤液工程设计实例 [J]. 给水排水，2002. 28（l）：20-21.

[114] Christine Helmer，Sabine Kunst. Simultoneous nitrification/denitrification in an aeroic biofilm system [J]. What. Sci. Teeh.，1998，37（4～5）：183-187.

[115] JEONG-HOONIM，HAE-JIN WOO，MYUNG-WON CHOI，KI-BACK HAN，CHANG-WON KIM. Simultaneous Organic and nitrogen removal from municipal landfill leachate using an anaerobic-aerobic system [J]. Wat. Res.，2001，35（10）：2403-2410.

[116] P. ILIES. D. s. MAVINIC. The effect of decreased ambient temperature on the biological nitrification and denitrification of a high ammonia landfill leaehate [J]. Wat. Res., 2001, 35 (8): 2065-2072.

[117] 李平，等. 厌氧/好氧生化流化床耦合处理垃圾渗滤液新工艺研究 [J]. 高校化学工程学报，2002，16 (3)：345-350.

[118] 王凤蕊. 厌氧/好氧交替式生物滤池中的微生物特性研究 [D]. 东华大学，2013.

[119] 李英华. 垃圾填埋场渗滤液性质及预处理的研究 [D]. 东北大学，2005.

[120] Bohdziewicz J, Kwarciak A. The application of hybrid system UASB reactor-RO in landfill leachate treatment [J]. Desalination, 2008, 222 (1-3): 128-134.

[121] Trebouet D, Schlumpf J P, Jouen P. Stabilized landfill leachate treatment by combined physicochemical-nanofiltration [J]. Waste Research, 2001, 35 (12): 2935-2942.

[122] J. Bohdziewicz, M. Bodzek, and J. Górska. Application of pressure-driven membrane techniques to biological treatment of landfill leachate [J]. Process Biochemistry, 2001, 36 (7): 641-646.

[123] A. Peters. Purification of landfill leachate with reverse osmosis and nanofiltration [J]. Desalination, 1998, 199 (1-3): 289-293.

[124] 尚爱安，赵庆祥，徐美燕，等. 混凝在垃圾渗滤液处理中的作用研究 [J]. 中国给水排水，2004，20 (11)：50-52.

[125] 湛含辉，张晓琪，胡岳华. 混凝机理及其试验研究 [J]. 矿冶工程，2003，23 (5)：27-30.

[126] 常青. 水处理絮凝学. 北京：化学工业出版社，2003：50-65.

[127] 张富韬，方少明，松全元. 混凝-吸附法处理垃圾渗滤液的实验研究 [J]. 北京科技大学学报，2005，27 (1)：21-23.

[128] 刘东，江丁酉，张林. 用化学絮凝法处理垃圾渗滤液的试验研究 [J]. 环境卫生工程，2000，8 (2)：65-67.

[129] Anastasios I. Zouboulis, Xiao-Li Chai, loannis A. Katsoyiannis. The application of bioflocculant for the removal of humic acids fromstabilized landfill leachates [J]. Environmental Management, 2004, 70 (1): 35-41.

[130] 蒋建国，陈嫣，邓舟，等. 沸石吸附法去除垃圾渗滤液中氨氮的研究 [J]. 中国给水排水，2003，29 (3)：6-9.

[131] Rivas F J, Beltran F, Carvalho F, et al. Study of different integrated physical-chemical plus adsorption processes for landfill leachate remediation [J]. Industrial & Engi-

neering chemistry research，2005，44（8）：2871-2878.

［132］ 沈耀良，杨铨大，王宝贞.垃圾渗滤液的混凝吸附预处理研究［J］.中国给水排水，1999，15（11）：10-14.

［133］ 张晖，Huang C. P. Fenton 法处理垃圾渗滤液的影响因素分析［J］.中国给水排水，2002，18（3）：14-17.

［134］ 张晖，Huang C. P. Fenton 法处理垃圾渗滤液［J］.中国给水排水，2001，17（3）：1-3.

［135］ 王喜全，胡筱敏，刘学文.Fenton 法处理垃圾渗滤液的研究［J］.环保科技，2008，14（1）：11-15.

［136］ Sheng H. Lin and Chin C. Chang. Treatment of landfill leachate by combined electro-Fenton oxidation and sequencing batch reactor method［J］. Water Research，2000，34（17）：4243-4249.

［137］ 邹长伟，万金保，彭希珑，等.Fenton 试剂和 UV-Fenton 试剂深度处理垃圾渗滤液［J］.江西科学，2004，22（4）：246-249.

［138］ 李军，王磊，彭峰.Fenton 法深度处理垃圾渗滤液的试验［J］.北京工业大学学报，2008，34（3）：304-309.

［139］ 杨霞，杨朝晖，陈军，等.城市生活垃圾填埋场渗滤液处理工艺研究［J］.环境工程，2000，18（5）：12-14.

［140］ 王显胜，黄继国，邹东雷，等.ABR-接触氧化-化学氧化组合工艺处理垃圾渗滤液方法研究［J］.环境污染与防治，2005，27（1）：53-55.

［141］ 闵海华，杜昱，等.MBR/RO 工艺处理垃圾渗滤液［J］.中国给水排水，2010，26（4）：64-66.

［142］ 张耀.复合 MBR 组合工艺在生活垃圾焚烧发电厂渗滤液处理中的应用［J］.低碳世界，2016（18）：8-9.

［143］ 姚远，刘政，涂为民，等 .成都市生活垃圾焚烧发电厂渗滤液处理现状分析［J］.水处理技术，2018（2）：30.

［144］ 宋灿辉，胡智泉，肖波.UASB＋A/O＋UF＋NF 工艺处理生活垃圾焚烧厂渗滤液［J］.环境工程，2010，28（1）：40-42.

［145］ 袁江，夏明，黄兴，等.UASB 和 MBR 组合工艺处理生活垃圾焚烧发电厂渗滤液［J］.工业安全与环保，2010，36（4）：21-22，24.

［146］ GB 18918—2002.

［147］ 任艳双，高兴斋，肖诚斌，等.焚烧电厂垃圾渗滤液处理站除臭系统设计方案［J］.给水排水，2011，28（S1）：241-242.

[148] 严莲荷. 水处理药剂及配方手册 [M]. 北京：化学工业出版社，2007.

[149] 宁桂兴，王凯，吴迪，等. AS-S/MBR 工艺处理垃圾渗滤液试验研究 [J]. 环境工程学报，2010，4 (10)：2263-2266.

[150] 宋灿辉，肖波，胡智泉，等. UASB/SBR/MBR 工艺处理生活垃圾焚烧厂渗滤液 [J]. 中国给水排水，2009，25 (2)：62-64.

[151] 程昶. 膜生物反应器-纳滤工艺在垃圾渗滤液处理中的应用 [J]. 工业用水与废水，2009，40 (5)：85-87.

[152] Chemlal R，Azzouz L，Kemani R. Combination of advanced oxidation and biological processes for the landfill leachate treatment [J]. Ecological Engineering，2014，73 (1)：281-289.

[153] 吴莉娜. 厌氧-好氧处理垃圾渗滤液与短程深度脱氮 [D]. 北京：北京工业大学，2011.

[154] 张树军. 两级 UASB+A/O 系统处理城市垃圾渗滤液及短程脱氮 [D]. 北京：北京工业大学，2006.

[155] Vilar A，Eiroa M，Kennes C. The SHARON process in the treatment of landfill leachate [J]. Water Science and Technology，2010，61 (1)：47-52.

[156] 崔荣，李金玲，李凤德. 利用垃圾渗滤液富集培养氨氧化菌 [J]. 环境科学研究，2011，24 (4)：452-455.

[157] Sun H W，Yang Q，Peng Y Z. Advanced landfill leachate treatment using a two-stage UASB-SBR system at low temperature [J]. Environment Science，2010，22 (4)：481-485.

[158] Cortea S，Teixeiraa P，Oliverira R，et al. Ozonation as polishing treatment of mature landfill leachate [J]. Journal of Hazardous Materials，2010，182 (123)：730-734.

[159] Bohdziewicz J，Kwarciak A. The application of hybrid system UASB reactor-RO in landfill leachate treatment [J]. Desalination，2008，222 (1/2/3)：128-134.

[160] Dapenam A，Campos J L，Mosquera C A. Stability o f the ANAMMOX process in a gas lift reactor and a SBR [J]. Journal of Biotechnol，2004，110 (3)：159-170.

[161] Guo J H，Yang Q，Peng Y Z. Biological nitrogen removal with real-time control using step-feed SBR technology [J]. Enzyme and Microbial Technology，2007，40 (6)：1564-1569.

[162] Guo J H，Peng Y Z，Yang Q. Theoretical analysis and enhanced nitrogen removal performance of step-feed SBR [J]. Water Science and Technology，2008，58 (4)：

792-802.

[163] Beyenal H，Lewadowsi Z. Combined effect of substrate concentration and flow velocity on effective diffusivity in biofllms [J]. Water Science and Technology，2000，34 (2)：528-538.

[164] Mulder A. Anaerobic ammonium oxidation discovered in a denitrifying fluidized-bed reactor [J]. Fems Microbiology Ecology，1995，16 (3)：177-183.

[165] 吴莉娜，史枭，张杰. UASB1-A/O-ANR深度处理垃圾渗滤液 [J]. 环境科学研究，2015，28 (8)：1331-1336.

[166] Metcalf，Eddy，Inc. 2003. Wastewater Engineering Treatmentand Reuse (Fourth Edition) [M]. USA：McGraw-Hill Companies，580-587.

[167] BockE，KoopsHP，HarmsH，etal. 1991. The biochemistry of nitrifying organisms [C]. London UK：Variations of Autotrophic Life Academic Press，171-200.

[168] 王茜，陈琴，曾涛涛，等. 基于短程硝化工艺的垃圾渗滤液脱氮处理研究进展 [J]. 环境工程技术学报，2016，6 (2)：127-132.

[169] 彭永臻，孙洪伟，杨庆. 短程硝化的生化机理及其动力学 [J]. 环境科学学报，. 2008，28 (5)：817-824.

[170] 王凯，王淑莹，朱如龙，等. 短程硝化联合厌氧氨氧化处理垃圾渗滤液的启动 [J]. 中南大学学报（自然科学版），2013，44 (5)：2136-2143.

[171] 苗蕾，王凯，王淑莹，等. 垃圾渗滤液中有机物对其厌氧氨氧化的影响 [J]. 东南大学学报（自然科学版），2014，44 (5)：999-1004.

[172] Liu An autotrophic nitrogen removal process：Short-cut nitrification combined with ANAMMOX for treating diluted effluent from an UASB reactor fed by landfill leachate.

[173] Taichi Yamamoto Long-term stability of partial nitritation of swine wastewater digester liquor and its subsequent treatment by Anammox .

[174] Garrido，J. M.，van Benthum，W. A. J.，van Loosdrecht，M. C. M.，Heijnen，J. J.，1997. Influence of dissolved oxygen concentration on nitrite accumulation in a biofilm airlift suspension reactor. Biotechnol. Bioeng，53，168-178.

[175] Ruiz，G.，Jeison，D.，Chamy，R.，2003. Nitrification with high nitrite accumulation for the treatment of wastewater with high ammonia concentration. Water Res，37，1371-1377.

[176] J. G. Kuenen. Anammox Bacteria：from Discovery to Application. Nature Reviews Microbiology，2008，6 (4)：320-326.

[177] 廖小兵，许玫英，罗慧东，孙国萍. 厌氧氨氧化在污水处理中的研究进展. 微生物学通报，2010，37（11）：1679-1684.

[178] J. G. Kuenen，M. S. M. Jetten. Extraordinary Anaerobic Ammonium Axidation Bacteria. ASM News，2001，67（9）：456-463.

[179] 王惠，刘研萍，陶莹，刘新春. 厌氧氨氧化菌脱氮机理及其在污水处理中的应用. 生态学报，2011，31（7）：2019-2028.

[180] J. Schalk，H. Oustad，J. G. Kuenen. The Anaerobic Oxidation of Hydrazine：a Novel Reaction in Microbial Nitrogen Metabolism. FEMS Microbiology Letters，1998，158（1）：61-67.

[181] 孙洪伟，彭永臻，王淑莹. 厌氧氨氧化生物脱氮技术的演变、机理及研究进展. 工业用水与废水，2008，39（1）：7-11.

[182] 唐林平，李小明，曾光明，廖德祥，杨麒，岳秀. 短程硝化-厌氧氨氧化联合工艺的经济特性分析净水技术，2008，27（2）：4-6，14.

[183] J. W. Willard. Method of Reducing the Incidence of Infectious Diseases and Relieving Stress in Livestock. United States Patent，1977：4.

[184] CANON 工艺处理实际晚期垃圾渗滤液的启动实验［J］ 张方斋，王淑莹，彭永臻，苗蕾，曹天昊，王众. 化工学报，2016（09）.

[185] Du，R.，Peng，Y. Z.，Cao，S. B.，Li，B. K.，Wang，S. Y.，Niu，M.，2016a. Mechanisms and microbial structure of partial denitrification with high nitrite accumulation. Appl. Microbiol. Biotechnol，100，2011-2021.

[186] Ma，B.，Qian，W. T.，Yuan，C. S.，Yuan，Z. G.，Peng，Y. Z.，2017. Achieving mainstream nitrogen removal through coupling anammox with denitratation. Environ. Sci. Technol，51（15），8405-8413.

[187] Zhang，F.，Peng，Y. Z.，Miao，L.，Wang，Z.，Wang，S.，Li，B.，2017. A novel simultaneous partial nitrification anammox and denitrification（SNAD）with intermittent aeration for cost-effective nitrogen removal from mature landfill leachate. Chem. Eng. J，313，619-628.

[188] Kalyuzhnyi，S.，Gladchenko，M.，2009. DEAMOX-New microbiological process of nitrogen removal from strong nitrogenous wastewater，Desalination 248，783-793.

[189] Cao，S. B.，Du，R.，Niu，M.，Li，B. K.，Ren，N. Q.，Peng，Y. Z.，2016a. Integrated anaerobic ammonium oxidization with partial denitrification process for advanced nitrogen removal from high-strength wastewater. Bioresour. Technol，221，

37-46.

[190] Gong, L., Huo, M., Yang, Q., Li, J., Ma, B., Zhu, R., Wang, S. Y., Peng, Y. Z.. Performance of heterotrophic partial denitrification under feast-famine condition of electron donor: a case study using acetate as external carbon source. Bioresour. Technol, 2013133: 263-269.

[191] Du R, Cao S, Li B, et al. Performance and microbial community analysis of a novel DEAMOX based on partial-denitrification and anammox treating ammonia and nitrate wastewaters [J]. Water Research, 2016: S0043135416308041.

[192] Du R, Cao S, Wang S, et al. Performance of Partial Denitrification (PD) -ANAMMOX process in simultaneously treating nitrate and low C/N domestic wastewater at low temperature [J]. Bioresource Technology, 2016, 219: 420-429.

[193] Wu L, Li Z, Huang S, et al. Low energy treatment of landfill leachate using simultaneous partial nitrification and partial denitrification with anaerobic ammonia oxidation, [J]. Environment International, 2019, 127: 452-461.

[194] 解英丽，池福强，龙韬. 亚硝酸盐反硝化与硝酸盐反硝化对比研究 [J]. 工业安全与环保，2009，35 (2)：11-13.

[195] 法林萃. 碳源类型对 SBR 反硝化过程 NO_2^--N 累积的影响 [J]. 兰州交通大学学报，2015，34 (6)：23-26.

[196] 葛士建，王淑莹，杨岸明. 反硝化过程中亚硝酸盐积累特性分析 [J]. 土木建筑与环境工程，2011，33 (1)：140-146.

[197] 田建强. 反硝化过程中亚硝酸盐积累的影响因素 [J]. 有色冶金设计与研究，2008 (3)：42-44.

[198] 李思倩，路立，王芬，等. 低温反硝化过程中 pH 对亚硝酸盐积累的影响 [J]. 环境化学，2016，35 (8).

[199] 刘琦. 不同碳源下反硝化过程中亚硝酸盐积累规律研究 [D]. 2015.

[200] 袁怡，黄勇，邓慧萍. C/N 比对反硝化过程中亚硝酸盐积累的影响分析 [J]. 环境科学，2013，34 (4).

[201] 操沈彬. 基于短程反硝化的厌氧氨氧化脱氮工艺与菌群特性 [D]. 2018.

[202] 张树立. 短程反硝化-厌氧氨氧化联合用于污水脱氮的研究 [D]. 北京工业大学，2012.

[203] 高范. 基于厌氧水解-硝化-反硝化/厌氧氨氧化技术的城市污水脱氮工艺研究 [D]. 大连理工大学，2013.

[204] 周莉，李正魁，王易超. 纯种氨氧化菌短程反硝化特性 [J]. 环境工程学报，2013，

7 (4): 1219-1224.

[205] 曹相生，张树立，赵续东. 基于短程反硝化和厌氧氨氧化的城镇污水处理新工艺 [J]. 北京水务，2012 (3): 26-28.

[206] 吴莉娜. 厌氧-好氧处理垃圾渗滤液与短程深度脱氮 [D]. 北京：北京工业大学，2011.

[207] 吴莉娜，史枭，张杰. UASB1-A/O-ANR深度处理垃圾渗滤液 [J]. 环境科学研究，2015，28 (8): 1331-1336.

[208] hrawan K S, Walter Z T, Georgio T. Fenton treatment of landfill leachate under different COD_{Cr} loading factors [J]. Waste Management, 2013, 33: 2116-2122.

[209] Fernandes A, Pacheco MJ, Ciríaco L, Lopes A. Review on the electrochemical processes for the treatment of sanitary landfill leachates: Present and future [J]. Applied Catalysis B: Environmental, 2015: 176-177, 183-200.

[210] Panizza, M., Cerisola, G. Application of diamond electrodes to electrochemical processes [J]. Electrochimica Acta, 2005, 51 (2): 191-199.

[211] Li X Y, Cui Y H, Feng Y J, Xie Z M, Gu J D. Reaction pathways and mechanisms of the electrochemical degradation of phenol on different electrodes [J]. Water Res, 2005, 39: 1972-1981.

[212] Zhang L Y, Ye Y B, Wang L J. Nitrogen removal processes in deep subsurface wastewater infiltration systems [J]. Ecological Engineering, 2015, 77: 275-283.

[213] Coble PG. Characterization of marine and terrestrial DOM in seawater using excitation-emission matrix spectroscopy [J]. Mar. Chem, 1996, 51: 325-346.

[214] Chen W, Westerhoff P, Leenheer JA, Booksh K. Fluorescence excitation-emission matrix regionalintegration to quantify spectra for dissolved organicmatter [J]. Environ. Sci. Technol, 2003, 37: 5701-5710.

[215] Elliott S, Lead J R, Baker A. Characterisation of the fluorescence fromfreshwater, planktonic bacteria [J]. Water Res, 2006, 40: 2075-2083.

[216] Urban RJJT, McCarty D, FernándezJL A. Larvaceans andcopepods excrete fluorescent dissolved organic matter (FDOM) [J]. J. Exp. Mar. Biol. Ecol, 2006, 332: 96-105.

[217] Marhuenda-Egea F C, Martínez-Sabater E, Jordá J, Moral R, Bustamante M A, Paredes C, Pérez-Murcia M D. Dissolved organic matter fractions formed during composting of winery and distillery residues: evaluation of the process by fluorescence excitation-emission matrix [J]. Chemosphere, 2007, 68: 301-309.

[218] Shao Z H, He P J, Zhang D Q, Shao L M. Characterization of waterextractableorganic matter during the biostabilization of municipal solid waste [J]. J. Hazard. Mater, 2009, 164: 1191-1197.

[219] He X S, Xi B D, Wei Z M, Jiang R H, Yang Y, An D, Cao J L, Liu H L. Fluorescence excitation-emission matrix spectroscopy with regional integration-analysis for characterizing composition and transformation of dissolved organicmatter in landfill leachates [J]. J. Hazard. Mater, 2011, 190: 293-299.

[220] 侯韦竹，丁晶，赵庆良，黄慧彬，王思宁，袁一星. 响应面法优化电氧化-絮凝耦合工艺深度处理垃圾渗滤液 [J]. 中国环境科学，2017，(03).

[221] 谭磊，王宝山. 高级氧化技术处理垃圾渗滤液的研究进展 [J]. 环境科学与管理，2009，43 (4)：87-94.

[222] Anglada Á, Urtiaga A, Ortiz I, et al. Boron-doped diamond anodic treatment of landfill leachate: evaluation of operating variables and formation of oxidation by-products [J]. water research, 2011, 45 (2): 828-838.

[223] Vanlangendonck Y, Corbisier D, Van Lierde A. Influence of operating conditions on the ammonia electro-oxidation rate in wastewaters from power plants [J]. Water Research, 2005, 39 (13): 3028-3034.

[224] Xie Z M. , Li X Y, Chan K Y. Nitrogen removal from the saline sludge liquor by electrochemical denitrification [J]. Water Science and Technology, 2006, 54 (8): 171-179.

[225] Israilides C J, Vlyssides A G, Mourafeti VN, et al. Olive oil wastewater treatment with the use of an electrolysis system [J]. Bioresource Technology, 1997, 61 (2): 163-170.

[226] 孙洪伟，王淑莹，王希明，等. 低温 SBR 反硝化过程亚硝态氮积累试验研究 [J]. 环境科学，2009，30 (12).

